"韧性城市"的内涝防治

——城市蓄涝体系的规划设计与运行调度

唐明 著

中国水利水电出版社
www.waterpub.com.cn
·北京·

内 容 提 要

本书回顾了暴雨与径流的理论研究进展及其在城市中的应用实践；在梳理城市内涝防治系统的传统建设管理模式及其存在问题的基础上，分析了中国"海绵城市"建设背景与功能定位的演变，提出"韧性城市"背景下的城市内涝防治工程体系，以及城市蓄涝体系的构成与优化思路。继而以南昌市新老城区的 2 个典型排涝区域为例，探讨了城市蓄涝体系规划设计和运行管理层面的关键技术，多角度提升城市内涝防治系统的"韧性"。最后，针对"超标准暴雨"的应对，探讨了城市内涝应急管理系统建设的相关问题，并从城市内涝应急工程体系的建设与运行保障、城市内涝应急管理系统建设两个方面提出相关建议。

本书可供从事城市雨洪的管理和科研工作者参考使用，也可作为水文与水资源工程、水务工程、市政工程等相关专业的学生参考用书。

图书在版编目（ＣＩＰ）数据

"韧性城市"的内涝防治：城市蓄涝体系的规划设计与运行调度 / 唐明著. -- 北京：中国水利水电出版社，2022.9
ISBN 978-7-5226-0994-2

Ⅰ. ①韧… Ⅱ. ①唐… Ⅲ. ①城市－暴雨－水灾－灾害防治 Ⅳ. ①P426.616

中国版本图书馆CIP数据核字(2022)第168657号

书　　名	"韧性城市"的内涝防治——城市蓄涝体系的规划设计与运行调度 "RENXING CHENGSHI" DE NEILAO FANGZHI—— CHENGSHI XULAO TIXI DE GUIHUA SHEJI YU YUNXING DIAODU
作　　者	唐明　著
出版发行	中国水利水电出版社 （北京市海淀区玉渊潭南路 1 号 D 座　　100038） 网址：www.waterpub.com.cn E-mail：sales@mwr.gov.cn 电话：(010) 68545888（营销中心）
经　　售	北京科水图书销售有限公司 电话：(010) 68545874、63202643 全国各地新华书店和相关出版物销售网点
排　　版	中国水利水电出版社微机排版中心
印　　刷	清淞永业（天津）印刷有限公司
规　　格	184mm×260mm　16 开本　10 印张　243 千字
版　　次	2022 年 9 月第 1 版　2022 年 9 月第 1 次印刷
印　　数	0001—2000 册
定　　价	68.00 元

序

21世纪以来，规模空前的城镇化进程，使我国洪涝威胁对象、致灾机理、成灾模式与损失构成等发生了显著变化。防汛应急管理面临着水灾风险防范任务日趋复杂艰巨与水安全保障要求日益提高的双重压力，且压力还将持续增大。2021年，全球极端灾害事件群发、多发，此起彼伏，不确定性大增；河南"21·7"暴雨洪水警示我们必须认清快速城镇化、气候温暖化背景下洪涝风险的演变趋向，统筹发展与安全，健全风险防范与应急处置体系，增强适应与承受巨灾的韧性。

"韧性城市"背景下城市内涝治理的思考，是个很好的选题！"韧性城市"建设的提法，国际上已倡导多年，我国也写进了"十四五"规划，但这一理念如何与本国国情相结合，如何切实有利于解决我国快速城镇化进程中城市内涝治理问题，的确还有许多模糊认识有待在实践中探索、深化。

防洪治涝工程体系的韧性提升，需要以流域为单元做好综合治水的统筹规划，以灰、绿、蓝结合的手段，构建标准适度、布局合理、维护良好、调度运用科学的体系，大力增强滞洪削峰、减势消能、溢而不溃、蓄排有序的功能。作者聚焦城市蓄涝问题，思考"韧性城市"背景下城市蓄涝体系的工程建设管理优化路径，以及相关非工程体系的优化问题，并针对南昌市的重点区域开展了实证研究；所得成果对丰富城市蓄涝体系规划设计方法和运行管理理念，多角度提升城市内涝防治系统的"韧性"，具有较高的理论价值和实践意义。

在调入高校之前，作者长期在水利（务）部门工作，在水旱灾害风险管理、水利（务）工程建设管理、城市洪涝治理等方面积累了丰富的实践经验，勤于钻研、善于提炼、乐于笔耕，经常在专业学术刊物上公开发表高品质论文。在南昌市水利（务）局工作期间，作为局党组成员、总工程师，牵头组织城市防洪排涝（水）及市域水环境治理等项目的规划、建设与管理，对城市洪涝防治中存在的问题有着更加深刻的体会。本书提出的一些理念、方法与措施，具有很强的针对性与操作性，值得大家在实践中应用与检验。

在城市内涝治理与韧性城市建设过程中，如何基于风险研判、优化调度，最大限度发挥防洪治涝工程体系的作用，减轻超标洪水造成的人员伤亡和资产损失，同时适度承受一定的风险，尽力避免防汛活动对经济发展与社会安定的不利影响，做好洪水资源化的文章，是各级政府及相关部门需要认真思考、勇于实践的问题。也希望有更多关注城市水利（务）、市政建设与管理的科研院校和相关企业投身到这一领域中来，通过政产学研的合作，坚持目标引领、问题导向、需求驱动，在生态文明理念下推进综合治水方略，选择与洪水共存的发展模式，全面增强社会适应风险演变趋向，提升城市承受风险的强韧性。

是为序。

程晓陶

2022 年 8 月 23 日

近百年来，地球平均气温升高，极端天气增多，气候变化带来的影响，引起越来越多专家的关注。自 20 世纪 80 年代开始，我国城市化发展迅猛，城市热岛效应、阻碍效应和凝结核效应等因素增加了极端水文事件发生的概率；同时，侵占河湖洼地、拓展城市空间，是很多城市快速推进城镇化进程中的既往选择，城市蓄涝体系严重受损，城市内涝防治系统的"韧性"快速下降。可以说，全球气候变暖和人类活动直接影响了城市水循环的时空分布，城市暴雨及其带来的严重内涝日益增多。

进入 21 世纪以后，水面萎缩、内涝加重，成为诸多城市的通病；城市应对暴雨能力不足的问题凸显，"逢雨即涝"问题普遍存在。尤其是遇到短历时强降雨的袭击，各大城市均难幸免，"城市看海"俨然成为季节性的网络热词。根据《中国水旱灾害统计公报》的统计数据，2011—2018 年全国平均每年有 154 座城市进水受淹或发生内涝。中国水利学会城市水利专委会主任委员程晓陶教授统计，自 2010 年以来，我国洪灾总损失再次达到了 20 世纪 90 年代的量级，而损失最重的几年恰恰也是受淹城市最多的年份。

自住房和城乡建设部 2010 年展开城市内涝调查以来，全国上下围绕城市内涝防治，不断加强政策力度，出台、调整相关规程规范，完善城市内涝防治系统建设的体制机制。2020 年，国家将"增强城市防洪排涝能力，建设海绵城市、韧性城市"，作为"推进以人为核心的新型城镇化"的重要内容；并且明确了"十四五"期间的城市内涝防治目标。2021 年国务院出台《关于加强城市内涝防治的实施意见》，全国各地迎来一轮新的城市内涝防治热潮。

近年来，各地采取多种措施推进海绵城市建设，对提升城市蓄水、渗水和涵养水的能力、缓解城市内涝发挥了一定的作用。但是，实践当中，不少城市过于注重"可渗透地面面积比例""雨水年径流总量控制率"等指标，聚焦"缓解城市内涝"不够，偏重"渗、净、用"措施的落实，针对"蓄、滞、排"的统筹不够，雨水滞蓄空间、径流通道和排水设施布局不协调，导致海绵城市建设的治涝成效不显著；针对超标暴雨的应急体系缺失，城市内涝防治系统"韧性"不足。

在回顾暴雨与径流的理论研究进展，及其在城市的应用实践之后，作者深切地感受到：在全球气候变化的大背景下，城市系统对气候变化的响应更为敏感，气象预报、产汇流分析与城市雨洪模拟均存在着较强的不确定性，城市内涝防治系统需要加大"韧性"方面的思考。

继而，本书在梳理城市内涝防治系统的传统建设管理模式及其存在问题的基础上，分析了中国"海绵城市"建设背景与功能定位的演变；作者同样深刻地体会到，城市蓄涝体系的"韧性"建设是提升城市防涝能力的有效途径，是"韧性城市"建设的重要一环；并据此提出"韧性城市"背景下的城市内涝防治工程体系，以及城市蓄涝体系的构成与优化思路，确立了本书的主要研究内容。

进而，本书以南昌市新老城区的 2 个典型排涝区域为例，着力研究城市暴雨雨型、暴雨历时与蓄涝水面率的耦合效应、蓄涝水面率分区等规划设计问题；旨在优化相关城市蓄涝体系设计参数，在满足标准内城市雨洪处置的同时，为超标准的雨洪留出一定的调蓄空间，提升系统防涝的"韧性"。并从蓄涝区运行模式与灵活调度、城市内涝防治系统联合调度入手，探讨城市蓄涝区及相关工程的调度与优化问题，挖掘工程自身的"韧性"。

最后，本书针对"超标准暴雨"的应对，探讨了城市内涝应急管理系统建设的内涵、运行原则与存在问题，并从城市内涝应急工程体系的建设与运行保障、城市内涝应急管理系统建设两个方面提出相关建议，提升城市应对"超标暴雨"的"韧性"。

作者依托江西省水利科学院鄱阳湖水资源与环境重点实验室开放研究基金项目"城市内涝防治系统的关键设计参数优化研究"（2020GPSYS05）和南昌市城市规划设计研究总院 2021 年度科研项目"截流式排水系统溢流装置的水力特性与优化路径研究"开展研究，得到了江西省水利系统与南昌市城市建设与管理系统各位领导、专家和同事们的支持与帮助，在此表示衷心的感谢。

许文斌、许文涛、周涵杰、吴宇泽、谢千辰、李燕磊、邹鉎等同学在文稿撰写与成书过程中给予了大力协助，在此一并致以诚挚的谢意。

由于城市内涝防治涉及多个学科领域，加之作者水平有限，书中错误及不当之处在所难免，恳请读者批评指正。

如果本书能够引起业内同行的共鸣，更多地关注城市蓄涝体系的"韧性"，重视城市蓄涝工程的规划、设计、建设与管理，将是作者最大的收获！

作者

2022 年 5 月

目录

序

前言

1 城市雨洪研究进展 1

1.1 暴雨与城市暴雨 1

1.2 径流与城市径流 10

1.3 城市雨洪模拟研究进展 20

1.4 小结 22

参考文献 23

2 城市蓄涝体系的研究背景与优化思路 38

2.1 城市内涝防治系统的传统建设管理模式 38

2.2 传统城市内涝防治系统的主要问题 39

2.3 中国"海绵城市"建设背景及面临的问题 42

2.4 "韧性城市"背景下的城市内涝防治工程体系建设 50

2.5 城市蓄涝体系的构成与优化思路 56

2.6 小结 59

参考文献 61

3 研究区域概况 65

3.1 地理位置 65

3.2 经济与社会概况 65

3.3 地形、地貌及地质 65

3.4 气象、水文与水资源 66

3.5 河流水系 67

3.6 城市防洪与治涝 69

3.7 重点研究的2个典型排涝片 72

参考文献 74

4 城市暴雨雨型研究 ⋯⋯⋯⋯⋯⋯⋯⋯⋯⋯⋯⋯⋯⋯ 75
　4.1 引言 ⋯⋯⋯⋯⋯⋯⋯⋯⋯⋯⋯⋯⋯⋯⋯⋯⋯⋯⋯ 75
　4.2 城市暴雨的设计雨型分析 ⋯⋯⋯⋯⋯⋯⋯⋯⋯⋯⋯⋯ 75
　4.3 案例验证——青山湖排涝片 ⋯⋯⋯⋯⋯⋯⋯⋯⋯⋯⋯ 78
　4.4 小结 ⋯⋯⋯⋯⋯⋯⋯⋯⋯⋯⋯⋯⋯⋯⋯⋯⋯⋯⋯ 84
　参考文献 ⋯⋯⋯⋯⋯⋯⋯⋯⋯⋯⋯⋯⋯⋯⋯⋯⋯⋯⋯ 85

5 城市暴雨历时与蓄涝水面率的耦合效应 ⋯⋯⋯⋯⋯⋯⋯⋯ 86
　5.1 引言 ⋯⋯⋯⋯⋯⋯⋯⋯⋯⋯⋯⋯⋯⋯⋯⋯⋯⋯⋯ 86
　5.2 城市排涝流量设计方法 ⋯⋯⋯⋯⋯⋯⋯⋯⋯⋯⋯⋯⋯ 87
　5.3 案例验证——沙井电排区 ⋯⋯⋯⋯⋯⋯⋯⋯⋯⋯⋯⋯ 92
　5.4 小结 ⋯⋯⋯⋯⋯⋯⋯⋯⋯⋯⋯⋯⋯⋯⋯⋯⋯⋯⋯ 97
　参考文献 ⋯⋯⋯⋯⋯⋯⋯⋯⋯⋯⋯⋯⋯⋯⋯⋯⋯⋯⋯ 97

6 蓄涝水面率的分区研究 ⋯⋯⋯⋯⋯⋯⋯⋯⋯⋯⋯⋯⋯ 99
　6.1 引言 ⋯⋯⋯⋯⋯⋯⋯⋯⋯⋯⋯⋯⋯⋯⋯⋯⋯⋯⋯ 99
　6.2 研究方法 ⋯⋯⋯⋯⋯⋯⋯⋯⋯⋯⋯⋯⋯⋯⋯⋯⋯ 100
　6.3 案例研究——沙井电排区 ⋯⋯⋯⋯⋯⋯⋯⋯⋯⋯⋯ 104
　6.4 结果讨论 ⋯⋯⋯⋯⋯⋯⋯⋯⋯⋯⋯⋯⋯⋯⋯⋯⋯ 108
　6.5 小结 ⋯⋯⋯⋯⋯⋯⋯⋯⋯⋯⋯⋯⋯⋯⋯⋯⋯⋯ 111
　参考文献 ⋯⋯⋯⋯⋯⋯⋯⋯⋯⋯⋯⋯⋯⋯⋯⋯⋯⋯ 111

7 城市蓄涝区运行模式与灵活调度 ⋯⋯⋯⋯⋯⋯⋯⋯⋯⋯ 113
　7.1 引言 ⋯⋯⋯⋯⋯⋯⋯⋯⋯⋯⋯⋯⋯⋯⋯⋯⋯⋯ 113
　7.2 城市泵站设计参数与蓄涝区特征水位的内在联系 ⋯⋯⋯ 114
　7.3 蓄涝区运行方式对城市排涝系统影响分析 ⋯⋯⋯⋯⋯ 116
　7.4 案例研究——沙井电排区 ⋯⋯⋯⋯⋯⋯⋯⋯⋯⋯⋯ 118
　7.5 城市蓄涝区运行模式与灵活调度的建议 ⋯⋯⋯⋯⋯⋯ 122
　7.6 小结 ⋯⋯⋯⋯⋯⋯⋯⋯⋯⋯⋯⋯⋯⋯⋯⋯⋯⋯ 123
　参考文献 ⋯⋯⋯⋯⋯⋯⋯⋯⋯⋯⋯⋯⋯⋯⋯⋯⋯⋯ 123

8 城市内涝防治系统的联合调度 ⋯⋯⋯⋯⋯⋯⋯⋯⋯⋯ 125
　8.1 引言 ⋯⋯⋯⋯⋯⋯⋯⋯⋯⋯⋯⋯⋯⋯⋯⋯⋯⋯ 125
　8.2 案例研究——青山湖排涝片 ⋯⋯⋯⋯⋯⋯⋯⋯⋯⋯ 126
　8.3 城市内涝防治体系运行调度的优化原则与路径 ⋯⋯⋯ 133
　8.4 小结 ⋯⋯⋯⋯⋯⋯⋯⋯⋯⋯⋯⋯⋯⋯⋯⋯⋯⋯ 135
　参考文献 ⋯⋯⋯⋯⋯⋯⋯⋯⋯⋯⋯⋯⋯⋯⋯⋯⋯⋯ 135

9 城市内涝应急系统建设的思考 ⋯⋯⋯⋯⋯⋯⋯⋯⋯⋯ 137
　9.1 城市内涝应急系统建设的内涵 ⋯⋯⋯⋯⋯⋯⋯⋯⋯ 137
　9.2 城市内涝应急系统建设与运行的原则 ⋯⋯⋯⋯⋯⋯⋯ 139

9.3 城市内涝应急系统建设现状与问题 ·································· 140

9.4 完善城市内涝应急系统建设的建议 ·································· 143

9.5 小结 ·· 145

参考文献 ·· 146

1 城市雨洪研究进展

1.1 暴雨与城市暴雨

中国天气受东亚夏季风影响，活跃的季风加上复杂的地形造成中国经常出现暴雨天气[1]。在全球气候变化[2]和中国高速城市化发展的背景下，暴雨洪涝、城市内涝灾害更加严重[3]。暴雨主要由中尺度系统形成，但中小尺度系统是在天气尺度系统作用下生成和发展的，而天气尺度系统又受到大气环流系统的制约，所以暴雨是时空尺度系统相互作用的产物[4]。

中国暴雨具有鲜明的地域性、季节性和阶段性特点；大范围雨带的位移可分四个阶段[5]。南岭以南的华南地区，5—6月的降水高峰期，称为华南前汛期，也是我国夏季风雨带北上的第一个阶段；在南岭以北及长江以南的湘南、赣南、浙南等地的降水区，具有华南和江淮两个降水区和降水时段之间的过渡特征，为我国季风雨带北上的第二个阶段；大约在6月中旬前后，雨区移到长江中下游至淮河以南一带，并常维持到7月上旬前后，一般称为江淮梅雨期，为我国季风雨带北上的第三个阶段；每年7月下旬至8月上旬（称"七下八上"），雨区移至我国北方的华北—东北，是我国华北、东北等北方地区的雨季，为我国季风雨带北上的第四个阶段。此外，中国东临太平洋，台风暴雨也是中国暴雨的主要类型之一。

经过几代人的努力，中国科学家逐步建立了自己的暴雨理论，根据季风暴雨的特点，阐明了从大尺度环流到中小尺度系统之间的多尺度相互作用与反馈的过程和物理机制。丁一汇、罗亚丽等先后系统总结过我国暴雨科学研究与预报技术发展的重要进展和主要成果[4,6]；寿绍文亦就中国暴雨的特点、环流形势、天气系统、形成机制及其诊断和预报方法等方面的研究进展做过回顾[5]；陈海山等曾就陆面过程对气候的影响的研究成果进行过分析，指出陆面过程对天气，尤其是极端（高影响）天气的影响及机制还有待深入研究[7]；谢璞等曾基于城市化快速发展所产生的城市气候效应、气象灾害效应的事实，阐述了城市化对天气、气候的影响和由此导致的城市气象灾害特征，揭示出提高城市气象服务能力需要解决的关键技术问题[8]。综合上述文献概述如下。

1.1.1 暴雨机理研究进展

1.1.1.1 重要天气系统

低空急流、锋面、西太平洋副热带高压和青藏高原天气系统对中国广大地区的暴雨产生重要影响。

1. 低空急流

低空急流，是指在对流层低层或边界层发生水平风速最大值的现象[9]。低空急流从特征和形成机理上可分为两类：与天气系统紧密联系的低空急流和边界层急流。前一类低空急流的最大风速位于 1～4km 高度的对流层中低层，其形成主要是由于天气尺度或者中尺度系统的发展和移动[10]，以及潜热释放所引起的气压梯度力的变化[11]；而后一类低空急流的最大风速出现在 1km 以下的边界层内，其形成常用边界层内非地转风惯性振荡理论[12] 和斜压理论[13] 以及二者的综合效应[14] 来解释。此外，边界层低空急流的形成也与波动和热力引起的动量水平输送[15]、地形狭管效应[16]、西南季风加强[17] 有关。

对流层低空急流输送来自热带海洋的暖湿空气，提高湿静力能，并且在急流下游产生辐合、加强风垂直切变，可能导致重力波不稳定发展[18] 和湿位涡发展[19]，为产生暴雨提供有利的动力和热力条件[20]。而暴雨过程中凝结潜热加热导致地面气压降低和高空辐散增强，垂直次级环流增强，从而加速低空急流，这种正反馈作用对暴雨的发展起重要作用[21]。边界层低空急流与江淮流域夜间和清晨的暴雨关系非常密切[22]。

2. 锋面

天气尺度的锋面是不同性质气团的交界面。每年夏季，东亚季风向中国大陆输送暖湿气流，暖湿气流与其北侧相对干冷的气团之间常常形成锋面；锋面对暖湿空气的抬升作用是产生中国暴雨的重要动力学机制之一[6]。由于中国南北跨度大，暖季锋面系统的结构具有较明显的南北区域差异；著名的梅雨锋[23] 具有副热带锋面结构特征，锋面西段位于中国江淮地区，是热带气团与极地变性气团的交汇区，具有明显的西南风与东南风的切变，水平温度梯度小，而湿度梯度大[24]；华南前汛期，当冷空气到达华南地区后强度减弱，锋面系统常呈现准静止状态[25]，水平温度梯度相比中国中东部副热带锋面小[26]。

3. 西太平洋副热带高压

西太平洋副热带高压（简称西太副高）是东亚季风环流系统中最重要的成员之一。净太阳辐射的南北梯度和地球旋转速率决定了大气平均经圈环流，在哈得来环流圈中，较暖且密度小的空气在赤道地区上升，较冷且密度大的空气在副热带下沉，从而形成了副热带高压带[27]；而东亚季风潜热释放产生的暖性罗斯贝波与西风气流作用造成的下沉运动，是西太副高维持的基本机制[28]。在大气环流、海温、海冰等因素的复杂作用下[29-32]，西太副高具有显著的季节性南北进退[33]、准双周振荡、30～50d 低频振荡和年际变化[34-36]，西太副高的这些特征和变化显著地影响着中国暖季降水多寡和主雨带位置[37-38]，副高呈东西带状时，副热带流型多呈纬向型，造成东西向的暴雨；副高呈块状时，副热带流型多呈经向型，造成南—北向或东北—西南向的暴雨。

4. 青藏高原天气系统

青藏高原通过动力和热力作用改变周边大气环流和天气系统，影响中国暴雨[39-41]。

青藏高原上空对流层高层反气旋不稳定，表现为南亚高压的经向位置发生准双周变化，从而对江淮地区暴雨的环境场产生影响[42]。高原中层气旋的加强，出现位涡平流随高度增强的大尺度动力背景，上升运动发展；并且加强气旋东南侧的西南低空急流，改善水汽输送，增强中国东南地区的降水[43-46]。源于青藏高原的涡旋在发展东移过程中，加强低层涡旋发展，增强涡旋的垂直范围，加强局地垂直涡度且影响低涡东移和中国东部暴雨过程，由此产生了广义倾斜涡度发展理论[47-48]。

1.1.1.2　不同尺度天气系统对暴雨的作用

1. 行星尺度系统及季风环流对暴雨的作用

影响我国降水的行星尺度系统主要有西风带长波槽（包括巴尔喀什湖大槽、贝加尔湖大槽、太平洋中部大槽以及青藏高原西部低槽等）、阻塞高压（包括乌拉尔山阻塞高压、雅库茨克-鄂霍茨克海阻塞高压和贝加尔湖阻塞高压）、副高和热带环流。其中，雅库茨克-鄂霍茨克海阻塞高压的建立，对我国暴雨有重要影响，尤其对我国梅雨影响更大。其中，乌拉尔山阻塞高压的建立，对整个下游形势的稳定起着十分重要的作用；雅库茨克-鄂霍茨克海阻塞高压的建立，对我国暴雨有重要影响，尤其对我国梅雨影响更大；热带系统，与我国夏季西风带的降水有密切关系，除了直接造成暴雨外，还可以通过与中纬系统的相互作用，维持或加强江淮梅雨，形成有利的水汽输送条件，助力低空急流，带来暴雨。

副热带季风辐合带由热带气团与北方极地大陆变性气团所构成，湿度对比明显，至少在高空有明显的锋面结构。夏季风环流系统中的某一成员的强弱、位置变化，均可引起整个环流系统的变化，从而影响到夏季风的强弱和进退，并进而影响到各个地区的旱涝。

2. 中纬度天气尺度及次天气尺度系统对暴雨的作用

影响我国降水的中纬度天气尺度及次天气尺度系统主要有高空低槽、地面气旋以及各种锋面、低空切变线、低涡、高低空急流和高空冷涡等。在这些系统的有利结合下，可以形成各种强降水。特别是其中的切变线、低涡、高空冷涡和低空急流等系统，是大部分强降水过程中的重要角色。

切变线上降水分布并不均匀，只有在辐合较大、水汽供应较充分的地区，才有较大的暴雨。江淮切变线上产生的暴雨与西南涡沿切变线的东移是分不开的；当西南涡发展东移时，雨区也不断扩大和东移，降水强度逐渐增强。一般到了两湖盆地，降水量便大大增加，往往形成暴雨。

当系统强烈发展或停滞摆动时，容易造成较强而持续的暴雨。当各种系统叠加时也会使降水量加大。在稳定的环流形势下（一般多为纬向型），天气尺度系统沿同一路径移动，因而在该路径上的地区，往往受若干个天气尺度系统的重复作用，形成系统的叠加而接连出现几次暴雨，从而形成连续性特大暴雨。

3. 台风和热带天气系统对暴雨的作用

台风是最强的暴雨天气系统。国内外不少极端暴雨记录均与台风活动有关[49]。台风降水一般有四种类型：台风眼壁及内雨带降水；外围螺旋雨带及台前飑线降水；台风与其他系统相互作用产生的远程降水（如台风倒槽暴雨等）；与台风相联系的热带云团降水。

台风暴雨与台风本身强度及结构、环境流场以及地形、地理条件的影响密切相关。其他热带系统如东风波、热带辐合带均会对暴雨的发生发展造成直接或间接的影响。

4. 中尺度系统对暴雨的作用

一般所说的中尺度，通常是指被称为"典型中尺度"的 β 中尺度，与暴雨或其他强天气之间具有密切关系。

从中尺度系统形成机制来看，有由地形性机械强迫和热力强迫引起的环流（如山脉波、背风波、大气涡街、海陆风、山谷风等），和在自由大气中的由大气稳定振荡以及由大气斜压性驱动造成的非对流性的中尺度环流系统（如重力波、锋-急流次级环流等），以及由非绝热加热驱动造成的中尺度对流系统（包括孤立对流系统、带状对流系统以及中尺度对流复合体等）。大气中的很多非对流性的中尺度环流本身并不强，但它们常常起到触发对流机制的作用；而中尺度对流系统（MCS），则通常是暴雨等强天气的直接制造者和携带者[5]。

1.1.1.3　江淮地区暴雨

每年 6 月中下旬至 7 月上旬，随着西太副高北抬，西南季风与北方冷空气交汇于江淮流域，形成梅雨锋，使得中国的主要雨带维持在长江中下游，此雨季被称为江淮梅雨期[50]。

20 世纪 90 年代至 21 世纪初，学者们[50-54] 较系统地研究了造成严重灾害的 1991 年江淮持续性暴雨和 1998 年长江流域大暴雨，全面阐述了 1991 年江淮持续暴雨的雨情和水情、大暴雨的成因、暴雨的预报服务与检验，以及成灾原因与防灾对策等[50]，也对 1998 年洪涝的灾情和降水情况、大尺度大气环流特征和副热带高压异常变化机理、天气尺度系统的活动、梅雨期 β 中尺度对流系统的发生过程进行了分析和总结[52]。

进入 21 世纪以后，学者们加强了对江淮流域暴雨与涡旋关系的研究。发现上游的低涡在高空引导槽作用下沿梅雨锋东移，加强低涡东南侧的西南风以及向梅雨锋输送的动能和水汽，也加大梅雨锋的风垂直切变，有利于梅雨锋上发生对流活动和强降水[55-57]；长江下游包括大别山区一带的涡旋，尤其是长生命史的涡旋[58-59]，以及中尺度对流涡旋（MCV）也是产生江淮暴雨的重要贡献者[60-64]。

近十几年，对江淮地区降水日变化，尤其是夜间至清晨的强降水成因研究取得了重要进展。研究[65-69] 表明，江淮地区梅雨期降水的日变化具有双峰结构，峰值分别出现在夜间至清晨和下午；明确指出中国阶梯地形热力环流对产生江淮地区夜间强降水有贡献。同时，利用 2008 年前后形成的中国江淮地区分钟和千米级的高时、空分辨率业务雷达组网观测，发现梅雨锋前产生极端强降水的一类中尺度对流系统具有"对流单体排列-对流带排列"的结构特征[70]，对流单体由于后部增生形成西—东或西南—东北走向的对流带，多条这样的对流带准平行地排列在一起，整体向东南方向移动，两种不同尺度和移向的单体与雨带的列车效应叠加，导致极端暴雨的发生；通过数值模拟揭示了此类中尺度对流系统内部云微物理过程与动力过程的耦合细节，及其影响降水强度和精细化分布的机理[71-72]。

1.1.2　陆面过程对天气影响研究进展

1.1.2.1　陆面基本要素对天气过程的影响

1. 地表粗糙度

地表粗糙度是边界层湍流参数化方案中重要的基本参数，反映了下垫面对大气运动的阻挡作用，广泛应用于地表通量的估算中，决定了地表和近地层大气间动量、热量和水汽交换，从而对天气气候产生了重要影响。

陆面摩擦拖曳作用能降低近地层风速，减缓降水天气系统的移动速度；单个大型城市引起的粗糙度异常，能延长暴雨系统停滞时间，增加城市附近的局地降水[73]。陆地较大粗糙度产生的摩擦辐合使得强对流降水在沿岸地区触发加强[74]；对于尺度更大的登陆台风来说，陆面较大粗糙度引起的地表摩擦也是重要的动力强迫，Chen 和 Chavas 通过理想试验发现[75]，沿岸较大的粗糙度甚至能通过局地动力辐合，短暂加强登陆台风降水（登陆后前 12h），随着台风进一步深入内陆，在摩擦耗散下强度逐渐减弱。

2. 地表反照率

反照率能通过改变地表能量平衡影响局地大气，进而对大气环流和天气过程产生影响。当地表反照率减少时，陆地吸收短波辐射增加，地表热通量增大，从而可以增强低层不稳定，利于对流降水触发增强[76]。

积雪、植被等陆面覆盖状况决定了地表反照率的大小与空间分布。积雪导致的高反照率使得地表接收太阳短波辐射减少，局地地表温度下降，抑制了地表感热通量，更不利于融雪，从而形成正反馈机制[77-79]。植被增长起到降低反照率的作用，通过增加地表净辐射使得局地气温升高。

3. 陆面水热状态

土壤湿度是表征陆面水热状态的重要物理量，它可以通过蒸发参与水分循环过程，也能通过地表热通量改变局地大气状态，在天气系统发展演变过程中扮演着重要角色。土壤湿度-降水的局地反馈关系非常复杂。土壤湿度的直接作用是较湿的土壤可以通过蒸发增加局地水汽；土壤湿度的间接作用则相对复杂，其相关的正负反馈机制得到了更多关注。

主要的正反馈机制包括：土壤加湿过程使得抬升凝结高度降低，利于对流触发，降水增强[80-85]；潮湿土壤降低了地表反照率，增加了地表净辐射和地表气温，促进了边界层湿静力能增加[81]。而负反馈机制则为：干燥下垫面的增温过程，使得边界层高度迅速增加并超过自由对流高度，促使对流降水产生[83, 86-88]。此外，较大的土壤湿度水平梯度可以引起局地热力异常环流，其相应的抬升运动决定了对流降水的空间分布[89-93]。何种机制占主导地位更多地取决于对流发生时的天气背景条件，需要针对具体的天气过程展开分析[94]。

地表温度是陆面热力状态重要的表征指标，午后的温度快速升高，通过地表感热通量加热低层大气，从而产生局地不稳定条件，形成陆面热力强迫，从而影响局地对流天气[85, 95-96]。

1.1.2.2　陆地典型下垫面对天气过程影响

1. 地形作用

山脉、高原、盆地等复杂地形能通过动力强迫影响对流降水在内的多种天气过程发生发展的物理机制与空间分布特征，其主要机制包括触发地形波、促使气流绕流或抬升等。根据地形尺度与气流强度，地形能使气流绕流或抬升，其中地形抬升是触发迎风坡降水的最常见机制[97-103]；地形强迫的抬升运动对台风降水主要起到增幅作用[104-107]。此外，地形也能促进水汽通量辐合，使水汽局地聚积，使局地水汽饱和，形成湿舌，在地形抬升和海岸线摩擦辐合的动力作用下触发对流并促进后续对流发展。

2. 湖泊效应

湖泊反照率低、粗糙度小、热惯性大、蒸发量大，能通过地表热通量显著影响局地水热状态[108-110]。与海洋相比，湖泊水平尺度与深度更小，更易受到太阳辐射等因素的影响；其局地作用体现在白天能在湖上形成稳定层结，从而抑制对流降水[111-114]，而在夜间有利于对流不稳定条件的形成[115-116]，加强后续对流降水。登陆台风经过湖泊等水汽饱和下垫面时，湖泊提供的地表潜热通量有利于台风对流维持[117-120]。

复杂地形和下垫面附近的湖泊还会受到周围山谷风环流、城市热岛效应等系统的叠加影响，对降水的影响更加复杂[111-123]。

3. 植被变化的影响

植被是陆地下垫面的重要组成部分，其特殊的生物物理性质影响了反照率、粗糙度、蒸散发等陆面属性，与大气之间存在着复杂的相互作用关系[124-127]。已有很多研究关注了植被的气候效应，包括反照率改变地表净辐射，地表热通量导致的冷却效应和蒸散发增强局地水汽等方面[128-132]。

灌溉农田引起的降水增强主要位于灌溉农田与周围植被的边界附近，受到边界层辐合线等中尺度环流系统影响[133-137]；森林等其他植被差异也会产生类似的影响，且森林上空的下沉运动会抑制午后森林附近的对流[138]。

1.1.3 暴雨预报技术研究进展

1.1.3.1 暴雨的诊断分析

1. 暴雨形成因子的分析

由水汽方程出发，在一定假设条件下，可以导出降水率和总降水量公式。

$$I = -\int_0^{p_0} \omega \frac{\delta F}{g} \mathrm{d}p \qquad W = -\int_{t_1}^{t_2}\int_0^{p_0} \omega \frac{\delta F}{g} \mathrm{d}p\,\mathrm{d}t \qquad (1.1)$$

式中　I——降水率或降水强度；

　　　ω——垂直速度；

　　　W——t_1—t_2 时段内的总降水量；

　　　F——水汽的函数；

　　　δ——控制系数，当 $q \geqslant q_s$，且 $\omega < 0$ 时，$\delta = 1$，当 $q < q_s$，且 $\omega \geqslant 0$ 时，$\delta = 0$，q 和 q_s 分别为比湿和饱和比湿。

从上式可以看出，形成暴雨需要具有丰富的水汽和较强的垂直运动，并持续较长的时间。垂直运动包括抬升及对流，后者与大气不稳定性相关。

2. 水汽条件的诊断分析

水汽条件的诊断分析内容主要包括：

（1）水汽含量，具体包括各层比湿或露点、各层饱和程度、湿层厚度、可降水量等。

（2）水汽输送，具体包括水汽通量、水汽通量散度（D）等。

在降水区中，水汽通量辐合主要由风的辐合和水汽平流所造成的，特别是在低层，空气水平辐合最为重要。另外，水汽条件还影响到大气的稳定度；低层湿平流、高层干平流会使对流性不稳定增强，从而使对流强烈发展，不少研究者还常常将水汽与动力因子结合起来分析，对暴雨发生发展会有更显著的指示作用。

3. 垂直运动条件的诊断分析

大气是连续性流体，当空气发生水平辐合时，位于辐合气流中的空气受到侧向的挤压，便从上侧面或下侧面产生上升或下降气流。同理，当空气向四周辐散时，在垂直方向上会产生下沉或上升气流以补偿辐散气流的流散。垂直速度一般是通过间接计算而得到的物理量；计算垂直速度的方法很多，从物理上可以分为热力学、运动学和动力学方法三类。常用的有个别变化法（又称绝热法）、运动学法、地转涡度求解法、通过降水量反算法和求解 ω 方程等[139]。

这些垂直运动的诊断分析方法主要是通过分析水平风场和温压场来进行的，各种方法均各有优缺点。其中，准地转 ω 方程诊断垂直运动是常用方法之一，用 Q 矢量散度来判断垂直运动；Q 矢量分解等诊断方法具有对实际天气系统诊断分析的很高应用价值，能分离出具有气象意义的过程和结构。

4. 地形对降水的影响

很多强降水系统的发生发展均与地形性中尺度环流有着密切的联系；地形对降水的作用，主要包括动力作用和云物理作用。一般而言，由于迎风坡的强迫抬升及地形辐合作用均会使降水增强。而在一定的天气条件下，在山脉的背风面产生的背风波对降水也有明显的影响。地形的作用有时还可以影响降水形成的云雾物理过程，使降水增幅。

此外，由地形的热力和动力强迫所造成的各种局地环流均可能影响暴雨的发生和发展。

5. 大气不稳定性和风速垂直切变的诊断分析

大气不稳定能量是大气对流发生发展的能量来源；不同类型的对流系统是在不同的大气不稳定性支配下产生的。大气不稳定性一般可具体通过计算各种稳定度指数，如沙瓦特指数、抬升指数、理查森数、对流有效位能（CAPE）以及湿位涡等参数来分析[140]。

风垂直切变是大气斜压性的重要表现，也是影响对流发生发展的重要因子之一；它可以影响对流系统的传播和运动、对流系统的结构和类型、对流系统的分裂和强度等。有利于暴雨形成的准静止对流、列车效应以及重力波现象等，均与一定的风垂直切变条件密切相关。

6. 能量天气学分析和诊断

谢义炳[141-142] 提出了湿斜压概念和湿斜压天气动力学的系统理论，强调了凝结潜热释放的反馈对大气运动的重要性；在开放系统中引入的"湿有效位能"概念被发展成为一种新的暴雨诊断和预报方法。

雷雨顺[143] 将能量天气学理论应用于暴雨、冰雹等强对流天气的研究，形成了一套系统、实用的能量天气学分析预报方法。在能量天气学分析和诊断中应用最普遍的概念有总能量、总温度、湿静力总温度、能量锋、次天气尺度 Ω 系统（又称锢囚高能舌）和压能-湿焓场等，它们对暴雨等强天气均有很好的指示性。

7. 位涡的诊断

位涡是绝对涡度矢量与位温梯度矢量的点乘积。在静力平衡条件下，位涡可以简化为绝对涡度垂直分量与静力稳定度的乘积，也就是绝对涡度与位温垂直梯度的乘积。因而位涡便是一个既包含热力因子又包含动力因子的综合的物理量。利用等熵位涡理论可以很好地解释地面气旋的发展过程。

自 20 世纪 80 年代以来，我国很多学者将位涡作为一个诊断量，用于对暴雨等天气系统的诊断。陆尔等[144] 应用位涡分析讨论了 1991 年江淮特大暴雨冷空气活动的特征，指出南下的冷空气在江淮一带被来自低纬西南暖气流和东南暖气流所切断，形成高位涡冷空气中心，它与两支暖气流相互作用，维持梅雨锋，从而形成持续暴雨。近年来，位涡（PV）等物理量的诊断在暴雨诊断和分析中也有非常广泛的应用。

8. 重力波的诊断

重力波的产生与大气的非地转偏差和风速垂直切变密切相关；常常可以起到对流触发机制的作用。由于重力波的触发使大气不稳定能量得以释放，造成对流，从而有利于形成暴雨。判断重力波的产生的判据很多[145]；一般来说，在有利于重力波发生的地区，当水汽等条件同时具备时，也是有利于暴雨发生的地区。重力波也会影响降水的分布。

1.1.3.2　中国数值天气预报发展

中国数值天气预报研究始于 20 世纪中期，是国际上开展数值天气预报比较早的国家之一。随后 30 年，中国科学家在大气运动的适应理论等方面的理论研究成果[146-148] 指导并推动了中国数值天气预报的发展，首次用描述大气运动的原始方程组做出了实际天气预报[149]。

改革开放之后，数值预报的研究和业务应用取得新进展，提出了计算稳定的总能量守恒隐式平流项的差分格式[150] 和便于实际求解的显式完全平方守恒格式[151]。

进入 21 世纪后，中国自主研发了新一代多尺度通用资料同化与数值天气预报系统——GRAPES[152-153]。之后，经过十多年努力实现了深化改进和技术升级，以自主技术建成了确定性与集合预报的完整业务体系，在非静力全可压格点动力框架、四维变分同化、云降水物理方案、高精度大气模式数值算法以及卫星和雷达资料同化技术等方面取得了创新性的成果[154]。这些成果使得中国数值预报研究水平和业务能力得到持续稳定的提升，为逐日天气预报、暴雨等灾害天气的准确预报、预警提供了重要科技支撑。

目前，中国气象科学研究院正在研发可同时满足天气预报、气候预测和气候研究需要的全球高分辨率多尺度天气-气候一体化模式系统，开展系统性的高分辨率数值预报产品评估工作[155]。

1.1.4　城市暴雨及预报研究进展

1.1.4.1　城市气象学研究

近几十年来，城市边界层结构与边界层气候、城市大气环境等研究得到广泛关注，应用研究主要集中在"城市热岛"效应及控制研究、城市致灾性天气气候形成机理研究等方面。欧洲（法国、瑞士等）、美国、日本、墨西哥等进行了一系列城市边界层观测试验研究[156-162]；中科院大气所、北京市气象局（北京城市气象研究所）、南京大学和天津市气象科学研究所等先后开展了城市冠层与边界层的观测和数值模拟研究[163-166]。

大量研究表明，城市中的局地暴雨常常是由中小尺度天气系统引发的。有学者认为：

必须定量估算由城市建筑群和土地利用诱生的对湍流生成、拖曳阻力的面平均影响程度以及增热和地面能量平衡的修正量；将城市冠层影响引入到城市中尺度模拟及其参数化的实施中，给出城市对局地气象影响方面的认识[167-168]。部分学者在天气预报模式（WRF）中的城市冠层模块（UCM）引入了城市冠层风速计算和人为热影响，并开展数值模拟研究，得出城市冠层模拟量比常规量与观测的一致性更好[169-171]；利用 WRF/Noah/SLUCM 模拟系统对北京城区局地暴雨过程的数值模拟及敏感性试验，分析了城市化热动力效应对边界层结构及降水的影响[172]。

不少观测事实亦证明，天气尺度天气系统（如气旋、锋面）经过大城市时，特殊地形和城市下垫面粗糙度等动力、热力作用会影响降雨的落区、强度和发生时间。

1.1.4.2　城市化对降水的影响

城市化是人类活动改变土地利用/土地覆盖的最典型例子之一[173-175]，城市与自然下垫面的巨大物理性质差异能通过陆气相互作用显著影响局地天气气候[176-181]。自 20 世纪 70 年代以来，城市化引起的降水变化已逐渐成为研究热点；美国于 20 世纪 70 年代开展了著名的 METROMEX 试验，该试验研究城市对中尺度对流天气的影响，旨在广泛调查城市环境对降水的影响效应[181-182]；国内相关研究较为滞后，直到 1985 年，周淑贞首次提到城市对降水分布的影响，并提出了"雨岛效应"在内的城市环境下的"五岛效应"[183]。

城市下垫面与自然植被相比具有更大的粗糙度，许多研究发现城市冠层能降低强对流系统移动速度并引起局地辐合，影响降水强度与空间分布，这种作用通常被称为"城市阻碍效应"（urban barrier effect）[184-186]。城市阻碍效应主要通过四种过程影响对流降水：

（1）降低对流系统移动速度，延长系统停滞时间[73, 187]。

（2）摩擦辐合抬升触发对流[188]。

（3）近地层平均动能向湍流动能转换，加强近地层动量通量[180]。

（4）城市冠层使得对流系统分裂绕流[189]。

除了动力强迫外，城市热力强迫引起的城市热岛效应也是影响天气过程的重要途径[184, 190-192]；城市热力异常能显著增加局地极端降水量和极端降水频次[187, 193-195]，影响强对流降水发生时间和空间分布[179, 196-197]。城市中混凝土等人造地表的热力属性与草、森林等自然植被有很大差异，同时也能释放额外的人为热，造成了巨大的城郊地表温差[191, 198]，这种城郊热力差异导致的辐合环流为雷暴提供了重要的抬升触发条件[192, 199-201]。沿海（湖）地区的城市热岛效应可以加强局地的海（湖）陆风环流，加大海（湖）陆风演变速度和垂直深度，促进局地辐合抬升诱发对流活动[202-205]。

综上可见，气候变化、城市化进程加快，加剧了城市暴雨强度与频率；"热岛效应"加速城市上空水汽输送、对流旺盛，并向城市中心或热岛中心集中，导致城市极端暴雨的发生[206]。

当然，城市化对降水影响的结论也存在一些争议，有学者认为不能过分地高估城市化对降水的影响[207]；同时，也有一些气候模式结果表明，城市不渗水的下垫面能减少局地蒸发，从而形成城市干岛效应[191,208-210]。但是，更多的个例与统计结果表明，在水汽充沛的城市地区，城市能增加强对流降水强度与频率[195, 206, 211]。

1.1.4.3　城市暴雨预报

在全球气候变化与城市化进程加快的背景下，城市突发性、局地性、极端性天气明显增多，城市安全运行对气象服务需求增加，城市管理、水利（水务）、交通等部门对定点、定量、定时天气预报和高影响天气的预警能力的要求提高。加强区域气象灾害的前期风险评估，对灾害性天气实施有效监测，及时发布准确的预报预警信息，快速传递气象服务信息，提高预警信息覆盖面，一直是气象部门面临的关键问题。

相关城市着力提高气象服务技术的支撑能力，建立高分辨率的中小尺度气象观测网和特种观测项目，加强灾害性天气系统的监测；研发专门服务于城市强天气预警业务的自动临近预报系统和快速更新循环中尺度数值预报系统，为城市精细预报、强天气临近预报和预警业务提供技术支撑；开展了城市加密自动站 降水量、GPS/PWV 资料在数值天气预报变分同化中的应用[212]，探讨非常规探测资料对于初始湿度场和降水预报的影响。

但是，城市局地暴雨、雷电等与城市群复杂下垫面和边界层过程有关；目前气象监测网基本上都是针对天气系统监测的需要而设计的，观测内容、密度受限，无法辨识城市对天气的影响。城市复杂下垫面、城市环流、海陆风（山谷风）环流及其相互作用对中小尺度天气系统的影响机制尚未完全弄清；中尺度数值预报模式的精细化程度和预报能力与需求存在差距。

1.2　径流与城市径流

降雨径流关系，是工程水文学与水资源学领域中一个重要的应用问题；下渗及产汇流理论探讨的是流域降雨径流形成的机理和规律，旨在模拟并预测流域对气候输入所产生的水文响应；自 17 世纪末建立了水文循环和流域水量平衡的基本概念后，这些问题就成为国内外水文学者们关注的重要课题。中国学者于 20 世纪 60 年代提出的"蓄满产流"和"超渗产流"流域模式，以及后来提出的局部产流问题及其处理方法，是对水文学的重要贡献。20 世纪 70 年代以来，水文科学更是有了长足的发展。受芮孝芳教授系列文章的启发，参考他的著作《水文学原理》，综合相关文献，就径流与城市径流的理论研究与实践进展概述如下。

1.2.1　下渗理论研究回顾[213]

土壤中存在能吸收、保持水分的固体土壤颗粒和传递水分的大小不等的孔隙，下渗过程就是土壤吸收水分，调节水分，并向土层中传递水分的过程。

在渗润阶段，由于土壤含水量较小，分子力和毛管力均很大，再加上重力的作用，所以此时土壤吸收水分的能力特别大，以致初始下渗容量很大；但是，由于分子力和毛管力随土壤含水量增加快速减小，使得下渗容量迅速递减。

进入渗漏阶段后，土壤颗粒表面已形成水膜，因此分子力几乎趋于零，这时水主要在毛管力和重力作用下向土壤中入渗，下渗容量比渗润阶段明显减小；而且，由于毛管力随土壤含水量增加趋于缓慢减小阶段，所以这阶段下渗容量的递减速度趋缓。

到了渗透阶段，土壤含水量已达到田间持水量以上，这时不仅分子力早已不起作用，毛管力也不再起作用了。控制这阶段下渗的作用力仅为重力。与分子力和毛管力相比，重力只是一个小而稳定的作用力，所以在渗透阶段，下渗容量必达到一个稳定的极小值，这就是常说的稳定下渗率。

下渗曲线是下渗物理过程的定量描述，也是下渗物理规律的体现。因此，推求下渗曲线的具体表达形式是下渗理论的一个重要课题。截至目前，共有非饱和下渗理论途径、饱和下渗理论途径和基于下渗试验的经验下渗曲线等三类确定下渗曲线的途径。

1.2.1.1　非饱和下渗理论

根据非饱和水流运动方程式导出的下渗方程，是一个非线性偏微分方程，一般来说，是无法求出解析解，只能求其近似解。对于这类非线性偏微分方程，还需要补充一些附加条件（定解条件）或略去一些次要的项，再通过适当的函数变换才能求解。

1. 忽略重力作用时的下渗曲线

当初始土壤含水量较小时，在下渗初期，由于分子力和毛管力很大，重力则相对不大；则可以求得忽略重力作用的下渗方程的解。忽略重力作用、扩散率为常数时的下渗曲线表达式：

$$f_p = (\theta_n - \theta_0)\sqrt{D/\pi}\, t^{-\frac{1}{2}} \tag{1.2}$$

式中　f_p——下渗容量；

$\quad\quad\theta_n$——土壤饱和含水率；

$\quad\quad\theta_0$——初始土壤含水率；

$\quad\quad D$——常数扩散率；

$\quad\quad\pi$——圆周率；

$\quad\quad t$——下渗过程经历的时间。

2. 考虑重力作用时的下渗曲线

完全下渗方程的求解，通常有两种解法：一是以忽略重力作用的定解问题的解作为第一次近似，用逐步逼近法求解。二是先假定定解问题的解是一个级数形式，然后再确定该级数中各项的系数值；包括菲利普在内的许多学者认为，一般取级数前两项就能满足实际应用的精度要求。考虑重力作用、扩散率为常数且水力传导度与土壤含水率呈直线关系时的下渗曲线表达式为

$$f_p = \frac{(\theta_n - \theta_0)k}{2}\left[\frac{e^{\frac{-k^2 t}{4D}}}{\sqrt{\frac{k^2 \pi t}{4D}}} - \mathrm{erfc}\left(\sqrt{\frac{k^2 t}{4D}}\right)\right] - k_n \tag{1.3}$$

其中，$\mathrm{erfc}(\,\cdot\,)$为余误差函数，其表达式为

$$\mathrm{erfc}(x) = \frac{2}{\sqrt{\pi}}\int_x^\infty e^{-x^2}\,\mathrm{d}x$$

式中　k——水力传导度与土壤含水率的常数系数；

$\quad\quad\pi$——圆周率；

其余符号同前。

3. 集总式下渗模型

非饱和下渗的偏微分方程可以化为常微分方程来求解。就是将整个土层划分成若干个

土层，通过子土层的边界条件设置与水量平衡原理的运用，计算不同时刻的累计下渗量，再运用数值微分法求出下渗曲线；这种方法虽然只能求得近似数值解，但却能考虑有限长土柱、初始土壤含水量分布不均及不同供水条件下的下渗问题。

1.2.1.2 饱和下渗理论

根据贝德曼和科尔曼在 1943 年提出的下渗过程中土壤水分剖面的基本特点，对复杂的下渗过程作如下概化：其一，以湿润锋为界，认为其上部土壤含水量达到饱和，其下部仍为初始土壤含水量；其二，湿润锋向下移动的条件是其上部土层达到饱和含水量。

在此基础上，1911 年，格林（Green）和安普特（Ampt）提出基于饱和下渗理论的下渗曲线公式（即，格林-安普特公式）：

$$f_p = K_s + \sqrt{0.5 K_s H_c (\theta_n - \theta_0)} \, t^{\frac{1}{2}} \tag{1.4}$$

或

$$f_p = K_s + \frac{K_s H_c (\theta_n - \theta_0)}{F_p} \tag{1.5}$$

式中　f_p——下渗容量；

　　　　K_s——饱和水力传导度；

　　　　H_c——湿润锋面处毛管上升高度；

　　　　θ_n——土壤饱和含水率；

　　　　θ_0——初始土壤含水率；

　　　　t——下渗过程经历的时间；

　　　　F_p——累积下渗量。

奥弗顿（Overton）于 1967 年应用饱和下渗理论导出的地面积水深随时间变化情况下的下渗曲线公式。

由于基于饱和下渗理论导出的下渗方程多为常微分方程；因此，采用饱和下渗理论处理下渗问题往往比非饱和下渗理论方便些；至今，根据格林-安普特公式搭建的产流模型仍有比较广泛的应用。

1.2.1.3 基于下渗试验的经验公式

上述下渗理论，虽然提供了揭示下渗规律和分析影响因素的工具，但它们所处理的下渗问题一般只限于简单情况。鉴于实际下渗过程的复杂性，人们往往选择合适的函数，拟合通过观测取得的区域下渗资料，并率定其中的参数；这种确定下渗曲线的方式称为经验途径。代表性的经验下渗曲线公式包括：

1. 科斯加柯夫（Kostiakov）公式

科斯加柯夫认为，在下渗过程中，下渗容量 f_p 与累积下渗量 F_p 成反比，a 是它们的比例常数；并基于此假设给出了下列形式的下渗曲线经验公式（1931 年）：

$$f_p = \sqrt{\frac{a}{2}} \, t^{-\frac{1}{3}} \tag{1.6}$$

式中　f_p——下渗容量；

　　　　a——经验系数；

　　　　t——时间。

2. 霍顿（Horton）公式

霍顿认为（f_0-f_c）与（F_p-f_ct）成正比关系，k 是它们的比例常数，并基于此假设给出了下列形式的经验公式（1932 年）：

$$f_p = f_c + (f_0 - f_c)e^{-kt} \tag{1.7}$$

式中　f_0——初始下渗容量；

　　　f_c——稳定下渗率；

　　　k——经验参数。

上式就是著名的霍顿公式，直到现在还广泛使用于水文实践当中。

3. 菲利普（Philip）公式

菲利普依据他的理论推导，认为（f_p-f_c）与（F_p-f_ct）成反比关系，a 是它们的比例常数，并基于此假设给出了下列形式的经验公式（1957 年）：

$$f_p = \sqrt{\frac{a}{2}}\, t^{\frac{1}{2}} + f_c \tag{1.8}$$

式中　f_c——稳定下渗率；

　　　t——时间。

此外，霍尔坦于 1961 年提出了一个基于蓄量概念的下渗经验公式；史密斯于 1972 年在大量实验的基础上得出产生地面积水之后的下渗公式。

1.2.2　产流理论研究回顾

1.2.2.1　产流理论研究

第一个产流理论来自 Horton 在 1935 年发表的一篇论文，指出降雨产流受控于两个条件：一是降雨强度与地面下渗能力的对比，二是下渗水量与包气带缺水量的对比[214]。当降雨强度超过地面下渗能力时，超渗部分成为地面径流，这就是所谓的超渗地面径流。当下渗水量扣除包气带蒸散发超过包气带缺水量时，超持部分成为地下径流，这种所谓地下径流就是后人所指的壤中水径流和地下水径流之和。就产流机制而言，前者属于界面通量机制，后者属于土层持蓄机制，但这一理论并未立即应用于解决实际问题。

1951 年，美国学者 Kohler 和 Linsley 根据实测降雨和径流资料分析制作了世界上第一张降雨径流相关图，并提出了前期影响雨量 P_a 的概念和计算方法。它考虑了前期影响雨量 P_a、季节和暴雨历时对降雨径流形成的影响；其中：前期影响雨量 P_a 反映流域的初始干湿程度，季节代表蒸散发 E 的影响，暴雨历时体现降雨强度的作用[215]。

20 世纪 70 年代，Dunne 等提出一个新的产流机制——饱和产流，揭示了包气带中具有相对不透水层的产流机制；它指出，当表层土壤具有很强的渗透能力，但下层土壤却是相对不透水层时，降雨强度大于下层土壤的渗透容量后，水分会在上下层土壤交接面处汇聚，上层土壤会产生壤中流，出现临时饱和带；当临时饱和带最终到达地面，便形成饱和地面径流[216]。芮孝芳等认为，"饱和产流"理论的提出，改变了地面径流形成的单机制论，丰富了地下径流的内涵；较大地拓展了"蓄满产流"和"超渗产流"两种产流模式的适用性[217]，启发了中国学者的产流研究，对"蓄满产流""超渗产流"的水源形式的认识又有了新的提升。地下径流应是壤中水径流和地下水径流之总称，"超渗产流"的总径流量也可能有壤中水径流产生，产生地下水径流才是"蓄满产流"的标志之一；并总结出 Dunne 产流理论与产流模式的关系（表 1.1）[218]。

表 1.1　　　　　　　　　　　　　Dunne 产流理论与产流模式

i 与 f_p 的对比	I_A-E_A 与 D_A 和 D_{SA} 的对比	I_B-E_B 与 D_B 的对比	流域产流量组成	产流模式
$i<f_p$	$I_A-E_A<D_A$	$I_B-E_B<D_B$	0	不产流
$i<f_p$	$D_A<I_A-E_A<D_{SA}$	$I_B-E_B<D_B$	R_{int}	超渗产流
$i<f_p$	$I_A-E_A=D_{SA}$	$I_B-E_B<D_B$	R_{sat}, R_{int}	超渗产流
$i<f_p$	$D_A<I_A-E_A<D_{SA}$	$I_B-E_B<D_B$	R_{int}, R_g	蓄满产流
$i<f_p$	$I_A-E_A=D_{SA}$	$I_B-E_B>D_B$	R_{sat}, R_{int}, R_g	蓄满产流
$i<f_p$	$I_A-E_A<D_A$	$I_B-E_B<D_B$	R_s	超渗产流
$i<f_p$	$D_A<I_A-E_A<D_{SA}$	$I_B-E_B<D_B$	R_s, R_{int}	超渗产流
$i<f_p$	$D_A<I_A-E_A<D_{SA}$	$I_B-E_B>$	R_s, R_{int}, R_g	蓄满产流

1.2.2.2　产流模式的研究与实践

20 世纪 60 年代初，利用江河流域实测降雨和径流资料制作降雨径流相关图，作为一种流域产流量计算方法已在中国得到普遍使用[219-221]。20 世纪 60 年代中期，中国学者发现，不同气候条件下影响降雨径流关系的因子不一样；总径流的降雨径流相关图、地面径流的降雨径流相关图和地下水径流的降雨径流相关图影响因子也不一样；并提出了"蓄满产流"和"超渗产流"两种基本产流模式。赵人俊教授认为，在湿润地区，降雨产流的主要方式是蓄满产流，也就是在包气带蓄水饱和后再产生径流；这时，降雨强度大于稳定入渗率的部分为地表径流，稳定入渗部分为地下径流[222]。

目前，蓄满产流已被广泛应用于我国湿润地区的产流计算中。需要注意的是，由于流域下垫面条件空间分布和降雨空间分布都不均匀，降雨之后，总会在局部先发生产流现象；随着雨量的加大，"蓄满产流"的范围逐渐扩大；只有当降雨量大到能使流域上包气带缺水量最大的区域也能"蓄满"，才会出现全流域的"蓄满产流"。

为了解决下垫面空间分布不均造成的局部产流计算问题，引入了流域蓄水容量曲线和下渗容量面积分配曲线[223]。但是这些曲线只能考虑降雨空间分布均匀时由于下垫面条件空间分布不均带来的影响，因此只能用于面积较小的流域。在此基础上，针对半干旱流域产流模式，我国学者又提出了"垂向混合产流模型"[224]，以蓄水容量曲线为参考，将超渗产流和蓄满产流结合起来[225]，以不同的概念水库概化土壤在不同程度蓄水量时的水文运动过程和产流形式。

下垫面条件空间一般呈静态的不均匀分布，而降雨空间不均匀分布是动态的，不同时刻降雨的空间分布可能存在极大的差异；如果要考虑降雨空间分布不均对流域产流量的影响，还必须将一个流域划分成若干个相对较小的子流域，先计算每个子流域产流量，然后再集成为流域产流量，这就是分布式水文模型的思路。此外，我国学者又在"垂向混合产流模型"的基础上，提出"时空变源混合产流模型"（spatio-temporal variable source mixed model，SVSM），通过 GIS 和遥感技术识别小流域基础地貌信息，针对不同的地貌水文响应单元选择不同产流计算方法，利用离散湿润锋含水量代替 Richard 方程计算水在非饱和土壤中的运动，结合 Brooks-Corey(BC) 模型和 Van-Genuchten(VG) 模型计算土壤水分特征参数，构建地貌水文响应单元下的非饱和土壤下渗过程[226]。

1.2.3 汇流理论研究回顾

降落在流域上的降水，扣除损失后，从流域各处向流域出口断面汇集的过程称为流域汇流。流域汇流由坡地地面水流运动、坡地地下水流运动和河网水流运动所组成，是一种比单纯的明渠水流和地下水流更为复杂的水流现象。芮孝芳先生将 Saint Vennat、Sherman、McCarthy、加里宁、米留柯夫、Nash、Rodriguez-Iturbe 等学者 100 多年来对流域汇流的研究和探索归纳为四种视角：水动力学视角、水文学视角、水滴运动学视角、系统论视角[227]。

1.2.3.1 水动力学视角

流域汇流是连续介质的水流运动，因而可用连续性方程和动力方程来探讨其规律。1871 年，法国科学家圣维南（SaintVenant）导出了描写河道洪水波（一维缓变不稳定浅水波）的基本微分方程组；由连续性方程和动力方程组成。

1. 连续性方程

从运动着的洪水波中取出一个水流元素，如图 1.1 所示。根据质量守恒定律，对于这个水流元素来说，其蓄水变量等于进出流量之差，并可以推导出连续性方程：

$$\left(Q-\frac{\partial Q}{\partial x}\cdot\frac{\Delta x}{2}\right)\mathrm{d}t-\left(Q+\frac{\partial Q}{\partial x}\cdot\frac{\Delta x}{2}\right)\mathrm{d}t=\frac{\partial A}{\partial t}\Delta x\,\mathrm{d}t \tag{1.9}$$

经化简并重新整理得

$$\frac{\partial Q}{\partial x}+\frac{\partial A}{\partial t}=0 \tag{1.10}$$

上式表明，在不考虑河道旁侧入流的情况下，河道洪水波运动过程时，过水断面面积随时间的变化与流量沿河长的变化是相互抵消的。

2. 动力方程

作用在上述水流元素上的压力 P、总重量 W、阻力 T 等各项力，如图 1.2 所示。

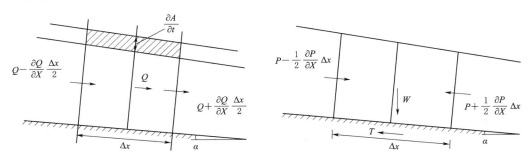

图 1.1　连续方程推导图（来源：文献［213］）　　图 1.2　动力方程推导图（来源：文献［213］）

由于在洪水波运动时，流速不仅是时间的函数，而且是河长的函数；因此，水流元素的动量变化应当包括局地（即时间）动量变化和迁移（即空间）动量变化两部分。

根据牛顿第二定律，水流元素在运动方向上的总的动量变化应当等于在水流方向上作用力的合力，即可推导出水流不稳定流动的动力方程，也称运动方程或动量方程：

$$\frac{v}{g}\frac{\partial v}{\partial x} + \frac{1}{g}\frac{\partial v}{\partial t} + \frac{\partial y}{\partial x} = i_0 - \frac{v^2}{C^2 R} \tag{1.11}$$

上式由五部分组成：$\frac{v}{g}\frac{\partial v}{\partial x}$ 是由空间加速度引起的惯性项，称为空间惯性项；$\frac{1}{g}\frac{\partial v}{\partial t}$ 是由时间加速度引起的惯性项，称为局地惯性项或时间惯性项；$\frac{\partial y}{\partial x}$ 与附加比降有关，表示压力项；i_0 为底坡，表示重力项；动力方程中最后一项是表示阻力作用的，称为阻力项。一般为简便计，把空间惯性项和局地惯性项合称为惯性项。

圣维南方程组描述的不恒定水流运动是一种浅水中的长波传播现象，通常称为动力波，属于重力波的范畴。

如忽略运动方程中的惯性项和压力项，只考虑摩阻和底坡的影响，简化后方程组所描述的运动称为运动波。

如只忽略惯性项的影响，所得到的波称为扩散波。

运动波、扩散波及其他简化形式可以较好地近似某些情况的流动，同时简化计算，便于实际应用。

3. 圣维南方程组的基本假定

（1）流速沿整个过水断面（一维情形）或垂线（二维情形）均匀分布，可用其平均值代替。不考虑水流垂直方向的交换和垂直加速度，从而可假设水压力呈静水压力分布，即与水深成正比。

（2）河床比降小，其倾角的正切与正弦值近似相等。

（3）水流为渐变流动，水面曲线近似水平。

1.2.3.2 水文学视角

流域出口断面流量过程是净雨过程在流域调蓄作用下演化出来的；具体地说，出流洪峰迟于净雨峰的现象称为洪水过程线的推移；出流洪峰小于净雨峰的现象称为洪水过程线的坦化（图1.3）。因而，对洪水过程线推移与坦化机理的揭示和模拟是流域汇流研究的根本任务，可用水量平衡方程和蓄量方程来探讨其规律。

水文学家经过长期研究，构建了三个概念性元件：线性"渠道"、线性"水库"、线性"时间-面积曲线"，并基于这些元件的串联、并联和混联等排列组合，来模拟流域汇流。

1. Nash 模型

Nash 提出流域对地面净雨的调蓄作用可用 n 个串联的线性水库的调节作用来模拟（图1.4）的假设，并由此推导出 Nash 瞬时

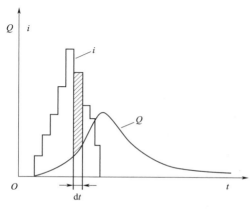

图 1.3 流域调蓄作用（来源：文献［213］）

单位线的数学表达式：

$$u(t) = \frac{1}{K(n-1)!}\left(\frac{t}{K}\right)^{n-1} \cdot e^{-t/K} \tag{1.12}$$

式中　$u(t)$——瞬时单位线；

　　　　n——线性水库的个数，无因次；

　　　　K——线性水库的蓄量常数，具有时间因次。

　　Nash 模型中参数 n 是一个取决于霍顿地貌参数的汇流参数，主要反映流域面积、形状和水系分布特点对流域汇流的影响；参数 K 反映了水动力扩散作用对流域汇流的影响，可通过流域实测的流量资料进行分析。

　　实际应用当中，可以采用 S 曲线法将瞬时单位线转化为时段单位线。

　　2. Clark 模型

　　Clark 认为，基于等流时线的"面积-时间曲线"的最大缺陷是假定流速空间分布均匀，所以将其与一个线性水库串联就可以很好地模拟流域汇流（图 1.5）。

图 1.4　Nash 模型（来源：文献 ［213］）　　　　图 1.5　Clark 模型（来源：文献 ［213］）

　　Clark 模型的瞬时单位线为

$$u(0,t) = \int_0^{t \leqslant \tau_m} \left(\frac{1}{K}\right) \cdot e^{-(t-\tau)/K} \frac{\partial \omega}{\partial \tau} d\tau \tag{1.13}$$

式中　K——线性水库蓄量常数；

　　　　$\dfrac{\partial \omega}{\partial \tau}$——面积-时间曲线；

　　　　τ_m——面积-时间曲线的底宽，相当于最大流域汇流时间。

1.2.3.3　水滴运动学视角

　　一定时空分布的净雨是由大量水滴组成，每个水滴运动到流域出口断面都要经历一定的汇流时间，汇流时间相同的水滴就组成了同一时刻的流域出口断面的流量，这样就导出了径流成因公式，并产生了等流时线概念。

　　流域各点的净雨到达出口断面所经历的时间，称为汇流时间；流域上最远点的净雨到达出口断面的汇流时间称为流域汇流时间；流域上汇流时间相同点的连线，称为等流时线，两条相邻等流时线之间的面积称为等流时面积，如图 1.6 所示，图中，$\Delta\tau$、$2\Delta\tau$、$3\Delta\tau$…为等流时线汇流时间，相应的等流时面积为 f_1、f_2、f_3…。

　　取 $\Delta t = \Delta\tau$，根据等流时线的概念，降落在流域面上的时段净雨，按各等流时面积汇流时

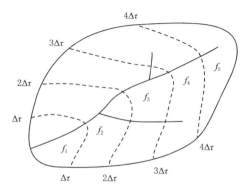

图 1.6　流域等流时线（来源：文献 ［228］）

间顺序依次流出流域出口断面，计算公式为

$$q_{i,i+j-1}=0.278r_i f_j \quad j=1,2,\ldots n \tag{1.14}$$

式中　　r_i——第 i 时段净雨强度 $(h/\Delta t)$，mm/h；

　　　　f_j——汇流时间 $(j-1)\Delta t$ 和 $j\Delta t$ 两条等流时线之间的面积，km²；

　　$q_{i,i+j-1}$——在 f_j 上的 r_i 形成的 $i+j-1$ 时段末出口断面流量，m³/s。

假定各时段净雨所形成的流量在汇流过程中相互没有干扰，出口断面的流量过程是降落在各等流时面积上的净雨按先后次序出流叠加而成的，则第 k 时段末出口断面流量为

$$Q_k=\sum_{i=1}^{n}q_{i,k}=0.278\sum_{i+j-1=k}r_i f_j \tag{1.15}$$

等流时线法适用于流域地面径流的汇流计算。

1.2.3.4　系统论视角

流域汇流是一个系统问题，净雨过程是其输入，流域出口断面流量过程是其输出，流域下垫面的作用就是系统作用。流域出口断面流量过程是净雨过程受系统作用而形成，若假设流域汇流系统属于线性时不变系统，则可利用倍比性和叠加性来进行流域汇流计算，从而产生了单位线概念。

单位时段内在流域上均匀分布的单位净雨量所形成的出口断面流量过程线，称为单位线，如图 1.7 所示。单位净雨量一般取 10mm；单位时段 Δt 可根据需要取 1h、3h、6h、12h、24h 等，应视流域面积、汇流特性和计算精度确定。为区别于用数学方程式表示的瞬时单位线，通常把上述定义的单位线称为时段单位线。

单位线法是流域汇流计算最常用的方法之一。

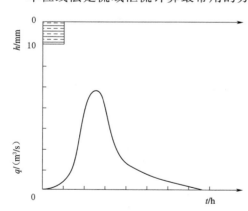

图 1.7　时段单位线（来源：文献 [228]）

由于实际净雨未必正好是一个单位量或一个时段，在分析或使用单位线时需依据两项基本假定：

（1）倍比假定。如果单位时段内的净雨是单位净雨的 k 倍，所形成的流量过程线也是单位线纵标的 k 倍。

（2）叠加假定。如果净雨历时是 m 个时段，所形成的流量过程线等于各时段净雨形成的部分流量过程错开时段的叠加值。

单位线法主要适用于流域地面径流的汇流计算，可以作为地面径流汇流方案的主体。如果已经得出在流域上分布基本均匀地面净雨过程，就可利用单位线，推求流域出口断面地面径流过程线。

1.2.4　城市径流的研究回顾

快速城市化显著改变了城市下垫面空间特征，对城市地表产汇流过程产生了重要

影响；梅超等从不透水率与不透水面空间变化、数值模拟与物理实验等方面，分别梳理不透水面和微地形等空间特征对地表产汇流过程的影响研究成果[229]；夏军等分别从城市化的水文效应、城市雨洪产汇流计算方法进行过系统总结[230]。综合上述文献概述如下。

1.2.4.1　城市化对地表产汇流过程的影响

随着城市化的进程，大面积透水下垫面向不透水下垫面转化，使得城市水文过程发生显著变化[231]，主要包括：截留和下渗量显著减少，净雨量增加[232]；同时，城市地表糙率变小，使得地表汇流速度加快、径流量增加[233-234]；产流时间提前，洪峰流量增大[235-236]，峰现时间提前[237]，以及洪灾重现期增加[238]。

部分学者针对不同下垫面条件的产流情况进行了研究，刘慧娟等[239]通过实验对城市典型下垫面产流过程进行模拟，发现不透水面产流效率大于透水砖，透水砖大于绿地；部分学者研究发现径流系数与不透水面积比呈明显的正相关关系[240]，Olivera等发现，当不透水面积达到10%时，该流域年径流深增加146%，其中城市化贡献率为77%[241]；在汇流方面，广场、柏油马路等不透水下垫面较城市化前下垫面糙率减小，使得地表汇流速度加快，从而导致峰现时间提前；左仲国[242]的研究表明，随着城市下垫面的变化，深圳河干流"百年一遇"洪水汇流时间减少了15.4%～21.7%。

随着不透水面对产汇流影响方面研究的深入，不透水面空间分布对地表产汇流过程的影响受到更多关注，加强不透水面空间格局的管控是城市水文效应调控的重要发展方向[229]。李强等[243]以北京典型街区为例，研究了控制性详细规划约束下的城市不透水面空间分布，结果表明"点群式"城市布局模式不透水面面积率高于"行列式"，可能会对降雨径流过程产生影响；Hamilton等[244]基于长系列卫星监测数据反演发现，不透水面空间分布变化导致区域径流过程和淹没范围发生显著变化，可将不透水面分为总不透水面积、直接连接不透水面等。石树兰等[245]基于模拟发现，有效不透水面积减少25%后，相应的径流深和洪峰流量分别削减74.6%和65.8%，考虑不透水面有效性后，2场降雨径流模拟的验证期纳什系数较传统模式提升9.79%和18.58%；Ferreira等[246]基于室内降雨径流实验发现，不透水率增加对于径流过程的影响可以通过不透水面与透水面空间分布关系调整得到有效缓解；要志鑫等[247]基于模拟研究不透水面与地表径流的时空相关性发现，不透水面空间格局与模拟地表径流高度相关，优化不透水面空间格局可作为控制地表径流的重要途径。

此外，填湖等行为使得城市内河湖大面积萎缩，导致天然蓄水空间减少，产流量增加；给排水管网建设使得城市汇流过程较天然情况显著变化，汇流途径缩短，汇流速度加快；河漫滩的开发占用，使得河道过水断面减小，导致洪水频率增加[248]。

1.2.4.2　城市雨洪产汇流计算方法

针对城市区域产汇流特性，学者常将其计算过程归纳为城市雨洪产流计算、城市雨洪地表汇流计算和城市雨洪管网汇流计算[249-250]。

城市雨洪产流计算主要描述降雨产流过程。由于城市下垫面的复杂多样性，在产流计算中通常把城市下垫面简化成透水面与不透水面；城市下垫面种类复杂，不透水面与透水面之间分布错综复杂，致使城市雨洪产流计算精度较低。目前常见的产流计算方法可分为统计分析方法、下渗曲线方法以及模型法；其中，统计分析方法中的 SCS 方法、下渗曲线法中的 Green – Ampt 下渗曲线和 Horton 下渗曲线应用较广[250-251]。尽管这些方法已被广泛应用于城市雨洪模型中，但计算精度依旧偏低，国内外开展了诸多实验探讨城市下垫面类型的产流分布规律[252-253]；但由于室内试验条件与天然状况存在不可忽视的差异，不能直接进行类比，因此，结合室外降雨径流观测资料与室内实验数据，探究城市区域产流规律十分必要。

城市雨洪地表汇流计算主要描述城市地表汇流过程。复杂的城市下垫面，导致地表径流汇流路线复杂，水流形态多样[254-255]；同时，也影响城市排水区域内集水口边界的划定，使得地表汇流计算难度加大。目前常见的地表汇流计算方法包括水文学方法和水动力学方法；常见的水文学方法包括推理公式法、等流时线法、瞬时单位线法、线性水库和非线性水库；用得较多的水力学方法是求解圣维南方程组或其简化形式，以得到较为详尽的地表汇流过程。水文学方法计算简单，适用性强，但物理机制方面不明晰[255]；而水动力学方法对初始条件和边界条件要求较高，计算繁琐，应用较为困难[256]。当实测资料不能满足水力学方法的求解要求时，可以采用水文-水动力学耦合的方法[257]。

城市雨水管网汇流计算相对成熟，常用方法包括简单的水文学方法和复杂的水动力学方法。水文学方法包括瞬时单位线法[258] 和马斯京根法[259]，其中马斯京根法计算相对简便，参数少，资料要求较低，计算精度较高，应用较广[251]。水动力学方法在圣维南方程的基础上，采用其简化形式，包括运动波[260]、扩散波[258] 和动力波[261]，其中运动波计算相对简单，但该方法仅适用于下游回水影响小、管道坡度大的情况；扩散波计算精度与运动波相差较小，但不适用于各种流态共存的环状管网的水流计算；动力波计算精度较高，且在计算过程中考虑了峰值衰弱和回水影响，适用于各种入流条件与管道坡度，但该方法对资料要求较高，计算也较复杂[251]。已有研究成果表明，当资料条件较好、精度要求较高时，可根据管道形状及水流流态选择扩散波或动力波进行模拟计算，其余情况下马斯京根法被认为是较好的选择[262]。

1.3　城市雨洪模拟研究进展

城市洪涝灾害频发，已经受到社会各界的广泛关注。洪涝数值模拟技术已成为城市水利和防灾减灾领域的研究热点，臧文斌等从科学研究和工程级应用两个视角，阐述了城市洪涝模型发展动态[263]；夏军等系统总结过城市雨洪模型发展历程，并针对城市雨洪模型现存数据和机理研究不足的问题，对其未来发展方向进行了展望[230]。综合上述文献概述如下。

1.3.1　城市雨洪模型研究

城市雨洪模型可分为经验性模型、概念性模型和物理性模型[264-265]。经验性模型又称"黑箱"模型，基于输入输出序列的经验来建模，因而缺乏对水文过程的分析，存在物理机理不足的缺陷；概念性模型是基于水量平衡原理构建的，具有一定的物理意义，目前已在城市排水设计、防洪规划等方面得到了广泛应用[266]；物理性模型以水动力学为理论依据，具有较强的物理基础，能直接考虑各个水文要素的相互作用及其时空变异规律，在 3 类模型中模拟精度最高，具有良好的应用前景，但资料要求高，求解复杂。

国外，城市雨洪模型起源于 20 世纪 70 年代，以美国率先研制的模拟城市雨洪水量水质的模型为代表[267]。20 世纪 80 年代以后，随着计算机技术的逐步成熟，洪涝数值模拟研究进入快速发展阶段，新的建模思路不断涌现；比如，将地表概化成渠道，构建地表和管网耦合的基于 Preissmann 四点隐格式差分的纯一维模型 SIPSON（simulation of interaction between pipeflow and surface overlandflow in networks）[268]；基于粗细分层网格的概念，利用 UIM 模型研究地表网格中建筑物对水流的影响[269]、集成一维管流模型与快速洪水淹没模型的 RUFIDAM（rapid urban flood inundation and damage assessment model）模型[270] 等。

我国在该方面的研究起步较晚。1980 年代，刘树坤等在国内率先采用规则网格进行地表二维水动力洪水模拟[271]，开启了城市洪涝分析方法与数学模型研究的先河。1990 年，岑国平[272] 提出我国首个完整的城市雨水径流计算模型——城市雨水管道设计模型 SSCM。在此之后，不少学者陆续开展城市雨洪模型的自主研发；水利部防洪抗旱减灾技术研究中心、中国水利水电科学研究院减灾中心对 SWMM 管网水力模型进行改进，并添加至已有洪涝分析模型[273-274]；侯精明等提出了基于动力波法的高效高分辨率城市雨洪过程数值模型，用于模拟城市降雨径流及内涝积水过程[275]。

随着城市雨洪模拟技术持续发展和城市下垫面数据资料不断完善，城市雨洪模拟方法已由最初仅考虑地表的简单地表积水计算模式，逐渐发展为统筹考虑城市地表及与之关联的地下管网、排洪河道等多种对象的水文水动力结合的计算模式[276]。臧文斌根据模型组成及地表排水计算方法，将城市洪涝模型的建模方式分为简单地表积水计算模式、"地表-河道"概化排水模式、"地表-管网-河道"概化排水模式、"地表-管网-河道"物理机制排水模式等 4 类[263]。

1.3.2 城市雨洪模拟软件发展

目前，被广泛运用的城市雨洪径流模型多达数十种，如 SWMM、MIKE 系列软件、InfoWorks ICM、HEC-RAS、TUFLOW、STORM、IFMS Urban 等模型软件，其中有些软件专注于河道计算，有些软件注重城市计算，有些软件注重地表积水的模拟。MIKE 系列软件、InfoWorks ICM 等少量软件同时考虑了地表精细化产汇流、水体调蓄、河道演进、管流运动等相关要素。总体而言，国内洪涝模型推向市场应用的软件还比较少，国产模型的计算引擎、处理工具在便捷性、成熟度、适用性等方面与国外产品还存在差距[263]。

SWMM 模型是美国国家环境保护局（U. S. environmental protection agency，EPA）推出的暴雨洪水管理模型，主要用于模拟城市场次暴雨或水质[277]。SWMM 模型以汇水区产汇流计算结果作为管流计算的边界条件，重点关注管网汇流和泵站调度计算过程；目前已经被广泛应用于市政规划、工程设计、科学研究等领域[278-280]。

MIKE 系列软件由丹麦水利研究院（DHI）推出；经过半个世纪的不懈努力，已经逐步成为水流计算领域功能最为全面的软件之一。其产品包括 MIKE ZERO、MIKE11、MIKE21、MIKE3、MIKE URBAN、MIKE FLOOD、MIKE BASIN、MIKE SHE 等，被广泛应用于水利、环境、市政、交通、港口等多个领域。MIKE11 用以计算河道洪水运动及闸坝调度过程；MIKE21 用以计算地表坡面产汇流过程；MIKE URBAN 用于计算城市管流运动过程；MIKE FLOOD 用以实现多个模型间的耦合。其中，MIKEURBAN 模型软件集成了排水系统（MIKE URBANCS）和供水系统（MIKE URBANWD），适用于城市多种情景下的水流计算。

InfoWorks ICM 模型由英国 Wallingford 软件公司研制而成，由降雨径流模型（WASSP）、水质模型（MOSQITO）和压力流管道模型（SPIDA）及非压力流管道模型（WALLRUS）4 个部分组成；具备更全面的前后处理功能。InfoWorks ICM 提供了多种分布式地表产汇流模拟方式，产流模型包括 Wallingford 固定产流模型、英国（可变）产流模型、固定比例产流模型、美国 SCS 产流模型、固定渗透模型等，汇流模型包括双线性水库（Wallingford）模型、大型贡献面积径流模型、SPRINT 径流模型、Desbordes 径流模型、SWMM 径流模型等。

IFMS 系列软件是在刘树坤、陆吉康、程晓陶等人历经 30 余年科研攻关下推出并逐渐完善的国产软件，基于自主研发的 GIS 平台，完成了一维、二维洪水模型和城市管网模型的前后处理集成和开发，实现了一维、二维耦合以及城市管网与二维模型耦合。IFMS Urban ［integrated (IWHR) urban flood modeling system］模型软件在"全国重点地区洪水风险图编制项目"的防洪保护区、城区、蓄滞洪区等几十个示范区的洪水（涝）分析中得到应用[281]。

1.4　小结

（1）大范围的暴雨涉及天气尺度系统，特大暴雨通常涉及中低纬度多种系统之间以及不同尺度系统之间的相互作用；因此，摸清暴雨发生发展及致灾机理，进而实现精准预测，无疑是一件非常困难的事情。我国几代气象人接续奋进，成果丰硕，在暴雨机理研究、陆面过程对天气影响、城市热岛效应、暴雨诊断技术、数值天气预报等研究领域取得长足进步。但是，我国暴雨系统和暴雨过程的复杂性，以及城市下垫面的特殊性，决定了实现城市区域暴雨精细预报的挑战性；较小空间尺度上的区域性暴雨预报，仍是一项国际难题。面向城市安全运行、防灾减灾的社会需求，提升城市暴雨监测与预报水平，降低气象预报的不确定性，依然是一项重大的前沿课题。

（2）流域或区域水文循环实际上就是流域降雨径流形成过程，其形成的机理和规律，是产汇流理论探讨的科学问题，也是水文学核心内容之一；近代的产汇流理论得到长足发展。但是，受流域降雨时空分布不均与包气带时空变异性的影响，暴雨洪水过程中的物理机制仍然难以清晰和定量描述。具有中小流域特征的城市雨洪，显著受到市政管网、复杂的下垫面条件的影响；产汇流机制更加复杂多变，机理分析面临着更大挑战，产汇流分析成果存在着很强的不确定性。

（3）城市雨洪模型，也是一种对中小流域降雨径流形成过程的经验性、概念性或物理性描述；它严格满足流域水量平衡原理，具有物理机理的城市雨洪情景模拟，已经成为城市内涝研究与防涝实践当中的主流方法。鉴于城市精细化洪涝模型的巨大计算量，实时模拟计算效率不高，将物理机制与数据驱动模型耦合，成为城市洪涝研究的热点和前沿。随着城市洪涝精细化管理需求的提升，城市雨洪模拟技术仍然需要突破全过程物理机制的模拟难题；即便是目前在国内外得到广泛运用的城市雨洪模型，其模拟结果依然存在较大的不确定性，需要高度关注。

（4）在全球气候变化的大背景下，城市系统对气候变化的响应更为敏感；气象预报、产汇流分析与城市雨洪模拟结果存在着较强的不确定性，城市内涝防治系统需要加大"韧性"方面的思考。近些年涌现的诸如低影响开发、水敏性城市、可持续城市排水系统、海绵城市等雨洪管控策略，均是针对城市蓄涝体系的脆弱性，依据在不同地区的社会环境和政策导向作出的适应性改造措施。因此，深入到规划、设计、建设与运行等环节，研究城市蓄涝体系非常重要。

参 考 文 献

［1］ 陶诗言，方宗义，李玉兰，等. 气象卫星资料在我国天气分析和预报上的应用［J］. 大气科学，1979（3）：239－246.

［2］ IPCC. Climate change 2021：the physical science basis［R］. Cambridge：Cambridge University Press，2021

［3］ 秦大河. 科学防御和应对气象灾害全面推进气象法制建设［J］. 中国减灾，2015（9）：23－25.

［4］ 丁一汇. 中国暴雨理论的发展历程与重要进展［J］. 暴雨灾害，2019，38（5）：395－406.

［5］ 寿绍文. 中国暴雨的天气学研究进展［J］. 暴雨灾害，2019，38（5）：450－463.

［6］ 罗亚丽，孙继松，李英，等. 中国暴雨的科学与预报：改革开放40年研究成果［J］. 气象学报，2020，78（3）：419－450.

［7］ 陈海山，杜新观，孙悦. 陆面过程与天气研究［J/OL］. 地学前缘：1－18［2022－04－14］.

［8］ 谢璞，李青春，梁旭东. 大城市气象服务需求与关键技术［J］. 气象科技进展，2011，1（1）：25－29，34.

［9］ STENSRUD D J. Importance of low-level jets to climate：A review［J］. J Climate，1996，9（8）：1698－1711.

［10］ UCCELLINI L W，JOHNSON D R. The coupling of upper and lower tropospheric jet streaks and implications for the development of severe convective storms［J］. Mon Wea Rev，1979，107（6）：682－703.

［11］ 黄士松. 暴雨过程中低空急流形成的诊断分析［J］. 大气科学，1981（2）：123－135.

［12］ BLACKADAR A K. Boundary layer wind maxima and their significance for the growth of nocturnal inversions［J］. Bull Amer Meteor Soc，1957，38（5）：283－290.

［13］ HOLTON J R. The diurnal boundary layer wind oscillation above sloping terrain［J］. Tellus，1967，19（2）：199－205.

［14］ DU Y，ROTUNNO R. A simple analytical model of the nocturnal low-level jet over the Great Plains of the United States［J］. J Atmos Sci，2014a，71（10）：3674－3683.

［15］ 何建中，伍荣生. 边界层低空急流的数值研究［J］. 气象学报，1989（4）：443－449.

［16］ 陈贵川，沈桐立，何迪. 江南丘陵和云贵高原地形对一次西南涡暴雨影响的数值试验［J］. 高原气象，2006（2）：277－284.

[17] 赵平，孙健，周秀骥. 1998 年春夏南海低空急流形成机制研究 [J]. 科学通报，2003 (6)：623 - 627.

[18] 孙淑清，翟国庆. 低空急流的不稳定性及其对暴雨的触发作用 [J]. 大气科学，1980 (4)：327 - 337.

[19] 翟国庆，丁华君，孙淑清，等. 与低空急流相伴的暴雨天气诊断研究 [J]. 大气科学，1999 (1)：113 - 119.

[20] 朱乾根. 低空急流与暴雨 [J]. 气象科技资料，1975 (8)：12 - 18.

[21] CHOU L C, CHANG C P, WILLIAMS R T. A numerical simulation of the Mei-Yu front and the associated low level jet [J]. Mon Wea Rev, 1990, 118 (7)：1408 - 1428.

[22] LUO Y L, CHEN Y R X. Investigation of the predictability and physical mechanisms of an extreme-rainfall-producing mesoscale convective system along the Meiyu front in East China：An ensemble approach [J]. J Geophys Res Atmos, 2015, 120 (20)：10593 - 10618.

[23] 谢义炳. 中国夏半年几种降水天气系统的分析研究 [J]. 气象学报，1956 (1)：1 - 23.

[24] NINOMYA K. Characteristics of Baiu front as a predominant subtropical front in the summer Northern Hemisphere [J]. J Meteor Soc Japan, 1984, 62 (6)：880 - 894.

[25] XU W X, ZIPSER E J, LIU C T. Rainfall characteristics and convective properties of mei-yu precipitation systems over South China, Taiwan, and the South China Sea. Part Ⅰ：TRMM observations [J]. Mon Wea Rev, 2009, 137 (12)：4261 - 4275.

[26] 陈敏，陶祖钰，郑永光，等. 华南前汛期锋面垂直环流及其与中尺度对流系统的相互作用 [J]. 气象学报，2007 (5)：785 - 791.

[27] PEIXOTO J P, OORT A H. Physics of Climate [M]. New York：American Institute of Physics Press, 1992.

[28] HOSKINS B J. On the existence and strength of the summer subtropical anticyclones [J]. Bull Amer Meteor Soc, 1996, 77 (6)：1287 - 1292.

[29] 陶诗言，朱福康. 夏季亚洲南部 100 毫巴流型的变化及其与西太平洋副热带高压进退的关系 [J]. 气象学报，1964 (4)：385 - 396.

[30] LI M C, LUO Z X. Effects of moist process on subtropical flow patterns and multiple equilibrium states [J]. Sci China Ser B, 1988, 31 (11)：1352 - 1361.

[31] REN X J, YANG X Q, SUN X G. Zonal oscillation of western Pacific subtropical high and subseasonal SST variations during Yangtze persistent heavy rainfall events [J]. J Climate, 2013, 26 (22)：8929 - 8946.

[32] CHEN Y, ZHAI P M. Synoptic-scale precursors of the East Asia/Pacific teleconnection pattern responsible for persistent extreme precipitation in the Yangtze River Valley [J]. Quart J Roy Meteor Soc, 2015, 141 (689)：1389 - 1403.

[33] 叶笃正，陶诗言，李麦村. 在六月和十月大气环流的突变现象 [J]. 气象学报，1958 (4)：249 - 263.

[34] LU R Y. Interannual variability of the summertime North Pacific subtropical high and its relation to atmospheric convection over the warm pool [J]. J Meteor Soc Japan, 2001, 79 (3)：771 - 783.

[35] ZHOU T J, YU R C, ZHANG J, et al. Why the western Pacific subtropical high has extended westward since the late 1970s [J]. J Climate, 2009, 22 (8)：2199 - 2215.

[36] Li T, Wang B, Wu B, et al. Theories on formation of an anomalous anticyclone in western North Pacific during El Niño：A review [J]. J Meteor Res, 2017, 31 (6)：987 - 1006.

[37] 陶诗言. 中国夏季副热带天气系统若干问题的研究 [M]. 北京：科学出版社，1963.

[38] 黄士松. 有关副热带高压活动及其预报问题的研究 [J]. 大气科学，1978 (2)：159 - 168.

[39] 叶笃正，高由禧，陈乾. 青藏高原及其紧邻地区夏季环流的若干特征 [J]. 大气科学，1977 (4)：

289 – 299.

[40] TAO S Y, DING Y H. Observational evidence of the influence of the Qinghai – Xizang (Tibet) Plateau on the occurrence of heavy rain and severe convective storms in China [J]. Bull Amer Meteor Soc, 1981, 62 (1): 23 – 30.

[41] WU G X. The nonlinear response of the atmosphere to large-scale mechanical and thermal forcing [J]. J Atmos Sci, 1984, 41 (16): 2456 – 2476.

[42] 吴国雄, 刘屹岷, 宇婧婧, 等. 海陆分布对海气相互作用的调控和副热带高压的形成 [J]. 大气科学, 2008 (4): 720 – 740.

[43] LI X S, LUO Y L, GUAN Z Y. The persistent heavy rainfall over southern China in June 2010: Evolution of synoptic systems and the effects of the Tibetan Plateau heating [J]. J Meteor Res, 2014, 28 (4): 540 – 560

[44] 施晓晖, 温敏. 中国持续性暴雨特征及青藏高原热源的影响 [J]. 高原气象, 2015, 34 (03): 611 – 620.

[45] WAN B C, GAO Z Q, CHEN F, et al. Impact of Tibetan Plateau surface heating on persistent extreme precipitation events in southeastern China [J]. Mon Wea Rev, 2017, 145 (9): 3485 – 3505.

[46] 马婷, 刘屹岷, 吴国雄, 等. 青藏高原低涡形成、发展和东移影响下游暴雨天气个例的位涡分析 [J]. 大气科学, 2020, 44 (3): 472 – 486.

[47] ZHENG Y J, WU G X, LIU Y M. Dynamical and thermal problems in vortex development and movement. Part Ⅰ: A PV-Q view [J]. Acta Meteor Sinica, 2013, 27 (1): 1 – 14.

[48] WU G X, ZHENG Y J, LIU Y M. Dynamical and thermal problems in vortex development and movement. Part Ⅱ: Generalized slantwise vorticity development [J]. Acta Meteor Sinica, 2013, 27 (1): 15 – 25.

[49] 陶诗言. 中国之暴雨 [M]. 北京: 科学出版社, 1980.

[50] 丁一汇. 1991 年江淮流域持续性特大暴雨研究 [M]. 北京: 气象出版社, 1993.

[51] 陆尔, 丁一汇, 李月洪. 1991 年江淮特大暴雨的位涡分析与冷空气活动 [J]. 应用气象学报, 1994 (3): 266 – 274.

[52] 陆尔, 丁一汇. 1991 年江淮持续性特大暴雨的夏季风活动分析 [J]. 应用气象学报, 1997 (3): 61 – 69.

[53] 陶诗言. 1998 年夏季中国暴雨的形成机理与预报研究 [M]. 北京: 气象出版社, 2001.

[54] 赵思雄. 长江流域梅雨锋暴雨机理的分析研究 [M]. 北京: 气象出版社, 2004.

[55] 赵思雄, 傅慎明. 2004 年 9 月川渝大暴雨期间西南低涡结构及其环境场的分析 [J]. 大气科学, 2007 (6): 1059 – 1075.

[56] FU S M, SUN J H, ZHAO S X, et al. The energy budget of a southwest vortex with heavy rainfall over South China [J]. Adv Atmos Sci, 2011, 28 (3): 709 – 724.

[57] 傅慎明, 孙建华, 赵思雄, 等. 梅雨期青藏高原东移对流系统影响江淮流域降水的研究 [J]. 气象学报, 2011, 69 (4): 581 – 600.

[58] FU S M, YU F, WANG D H, et al. A comparison of two kinds of eastward- moving mesoscale vortices during the mei-yu period of 2010 [J]. Sci China Earth Sci, 2013, 56 (2): 282 – 300.

[59] FU S M, ZHANG J P, SUN J H, et al. Composite analysis of long-lived mesoscale vortices over the middle reaches of the Yangtze River valley: Octant features and evolution mechanisms [J]. J Climate, 2016c, 29 (2): 761 – 781

[60] 石定朴, 朱文琴, 王洪庆, 等. 中尺度对流系统红外云图云顶黑体温度的分析 [J]. 气象学报, 1996 (5): 600 – 611.

[61] 高坤, 徐亚梅. 1999 年 6 月下旬长江中下游梅雨锋低涡扰动的结构研究 [J]. 大气科学, 2001

(6)：740－756.

[62] 张小玲，陶诗言，张顺利. 梅雨锋上的三类暴雨 [J]. 大气科学，2004 (2)：187－205.

[63] 孙建华，张小玲，齐琳琳，等. 2002 年中国暴雨试验期间一次低涡切变上发生发展的中尺度对流系统研究 [J]. 大气科学，2004 (5)：675－691.

[64] 张元春，孙建华，徐广阔，等. 江淮流域两次中尺度对流涡旋的结构特征研究 [J]. 气候与环境研究，2013，18 (3)：271－287.

[65] YU R C, ZHOU T J, XIONG A Y, et al. Diurnal variations of summer precipitation over contiguous China [J]. Geophys Res Lett, 2007, 34 (1)：L01704.

[66] ZHOU T J, YU R C, CHEN H M, et al. Summer precipitation frequency, intensity, and diurnal cycle over China：A comparison of satellite data with rain gauge observations [J]. J Climate, 2008, 21 (16)：3997－4010.

[67] CHEN H M, YU R C, LI J, et al. Why nocturnal long-duration rainfall presents an eastward-delayed diurnal phase of rainfall down the Yangtze River valley [J]. J Climate, 2010, 23 (4)：905－917.

[68] YUAN W H, YU R C, CHEN H M, et al. Subseasonal characteristics of diurnal variation in summer monsoon rainfall over central eastern China [J]. J Climate, 2010, 23 (24)：6684－6695.

[69] LUO Y L, WANG H, ZHANG R H, et al. Comparison of rainfall characteristics and convective properties of monsoon precipitation systems over South China and the Yangtze and Huai river basin [J]. J Climate, 2013, 26 (1)：110－132.

[70] LUO Y L, GONG Y, ZHANG D L. Initiation and organizational modes of an extreme-rain-producing mesoscale convective system along a Mei-Yu front in East China [J]. Mon Wea Rev, 2014, 142 (1)：203－221.

[71] LUO Y L, WANG Y J, WANG H Y, et al. Modeling convective-stratiform precipitation processes on a Mei-Yu front with the weather research and forecasting Model：Comparison with observations and sensitivity to cloud microphysics parameterizations [J]. J Geophys Res Atmos, 2010, 115 (D18)：D18117.

[72] LUO Y L, CHEN Y R X. Investigation of the predictability and physical mechanisms of an extreme-rainfall-producing mesoscale convective system along the Meiyu front in East China：An ensemble approach [J]. J Geophys Res Atmos, 2015, 120 (20)：10593－10618.

[73] WAN H C, ZHONG Z. Ensemble simulations to investigate the impact of large-scale urbanization on precipitation in the lower reaches of Yangtze River Valley, China [J]. Quarterly Journal of the Royal Meteorological Society, 2014, 140 (678)：258－266.

[74] DU Y, CHEN G X, HAN B, et al. Convection initiation and growth at the coast of South China. Part Ⅱ：Effects of the terrain, coastline, and cold pools [J]. Monthly Weather Review, 2020, 148 (9)：3871－3892.

[75] CHEN J, CHAVAS D R. The transient responses of an axisymmetric tropical cyclone to instantaneous surface roughening and drying [J]. Journal of the Atmospheric Sciences, 2020, 77 (8)：2807－2834.

[76] ARNOLD C L, GIBBONS C J. Impervious surface coverage：the emergence of a key environmental indicator [J]. Journal of the American Planning Association, 1996, 62：243－258.

[77] DUNNE T, LEOPOLD L B. Water in Environmental Planning [M]. New York：Freeman Publications, 1978.

[78] LEOPOID L B. Hydrology for Urban Land Planning—A Guidebook on The Hydrologic Effects of Urban Land Use, Geological Survey Circular 554 [M]. Washington, DC：United States Depart-

ment of the Interior Publication, 1968.

[79] PACKMAN J. The Effects of Urbanisation on Flood Magnitude and Frequency [R]. Institute of Hydrology Report No 63, Wallingford, Oxfordshire, 1980.

[80] BETTS A K, BALL J H, BELJAARS A C M, et al. The land surface-atmosphere interaction: A review based on observational and global modeling perspectives [J]. Journal of Geophysical Research: Atmospheres, 1996, 101 (D3): 7209 – 7225.

[81] ELTAHIR E A B. A soil moisture-rainfall feedback mechanism: 1. Theory and observations [J]. Water Resources Research, 1998, 34 (4): 765 – 776.

[82] FINDELL K L, ELTAHIR E A B. Atmospheric controls on soil moisture-boundary layer interactions. Part Ⅰ: Framework development [J]. Journal of Hydrometeorology, 2003, 4 (3): 552 – 569.

[83] FINDELL K L, ELTAHIR E A B. Atmospheric controls on soil moisture-boundary layer interactions. Part Ⅱ: Feedbacks within the continental United States [J]. Journal of Hydrometeorology, 2003, 4 (3): 570 – 583.

[84] HOHENEGGER C, BROCKHAUS P, BRETHERTON C S, et al. The soil moisture-precipitation feedback in simulations with explicit and parameterized convection [J]. Journal of Climate, 2009, 22 (19): 5003 – 5020.

[85] ZHOU X, GEERTS B. The influence of soil moisture on the planetary boundary layer and on cumulus convection over an isolated mountain. Part Ⅰ: observations [J]. Monthly Weather Review, 2013, 141 (3): 1061 – 1078.

[86] TAYLOR C M, PARKER D J, HARRIS P P. An observational case study of mesoscale atmospheric circulations induced by soil moisture [J]. Geophysical Research Letters, 2007, 34: L15801.

[87] YIN J, ALBERTSON J D, RIGBY J R, et al. Land and atmospheric controls on initiation and intensity of moist convection: CAPE dynamics and LCL crossings [J]. Water Resources Research, 2015, 51 (10): 8476 – 8493.

[88] QIU S, WILLIAMS I N. Observational evidence of state-dependent positive and negative land surface feedback on afternoon deep convection over the southern Great Plains [J]. Geophysical Research Letters, 2020, 47 (5): e2019GL086622.

[89] TAYLOR C M, GOUNOU A, GUICHARD F, et al. Frequency of Sahelian storm initiation enhanced over mesoscale soil-moisture patterns [J]. Nature Geoscience, 2011, 4 (7): 430 – 433.

[90] TAYLOR C M, DE JEU R A, GUICHARD F, et al. Afternoon rain more likely over drier soils [J]. Nature, 2012, 489 (7416): 423 – 426.

[91] BIRCH C E, PERKER D J, O'LEARY A, et al. Impact of soil moisture and convectively generated waves on the initiation of a West African mesoscale convective system [J]. Quarterly Journal of the Royal Meteorological Society, 2013, 139 (676): 1712 – 1730.

[92] PETROVA I Y, MIRALLES D G, VAN HEERWAARDEN C C, et al. Relation between convective rainfall properties and antecedent soil moisture heterogeneity conditions in North Africa [J]. Remote Sensing, 2018, 10 (6): 969.

[93] WOLTERS D, VAN HEERWAARDEN C C, DE ARELLANO J V-G, et al. Effects of soil moisture gradients on the path and the intensity of a West African squall line [J]. Quarterly Journal of the Royal Meteorological Society, 2010, 136 (653): 2162 – 2175.

[94] FORD T W, QUIRING S M, FRAUENFELD O W, et al. Synoptic conditions related to soil moisture-atmosphere interactions and unorganized convection in Oklahoma [J]. Journal of Geophysical Research: Atmospheres, 2015, 120 (22): 11519 – 11535.

［95］　DAI A. Global precipitation and thunderstorm frequencies. Part Ⅱ：Diurnal variations ［J］. Journal of Climate, 2001, 14（6）：1112 − 1128.

［96］　PETERS K, HOHENEGGER C. On the dependence of squall-line characteristics on surface conditions ［J］. Journal of the Atmospheric Sciences, 2017, 74（7）：2211 − 2228.

［97］　赵宇, 裴昌春, 杨成芳. 梅雨锋暴雨中尺度对流系统触发和组织化的观测分析 ［J］. 气象学报, 2017, 75（5）：700 − 716.

［98］　雷蕾, 邢楠, 周璇, 等. 2018 年北京 "7.16" 暖区特大暴雨特征及形成机制研究 ［J］. 气象学报, 2020, 78（1）：1 − 17.

［99］　ZHANG F, ZHANG Q H, SUN J Z. Initiation of an elevated mesoscale convective system with the influence of complex terrain during Meiyu Season ［J］. Journal of Geophysical Research：Atmospheres, 2021, 126（1）：e2020JD033416.

［100］　WANG Q W, ZHANG Y, ZHU K F, et al. A case study of the initiation of parallel convective lines back-building from the south side of a Mei-yu front over complex terrain ［J］. Advances in Atmospheric Sciences, 2021, 38（5）：717 − 736.

［101］　SMITH R B. The influence of mountains on the atmosphere ［M］//SALTZMAN B. Advances in Geophysics. Elsevier. 1979：87 − 230.

［102］　WANG G L, ZHANG D L, SUN J S. A multiscale analysis of a nocturnal extreme rainfall event of 14 July 2017 in Northeast China ［J］. Monthly Weather Review, 2021, 149（1）：173 − 187.

［103］　ZHANG Y, MENG Z, ZHU P, et al. Mesoscale modeling study of severe convection over complex terrain ［J］. Advances in Atmospheric Sciences, 2016, 33（11）：1259 − 1270.

［104］　LIN Y L, CHEN S Y, HILL C M, et al. Control parameters for the influence of a mesoscale mountain range on cyclone track continuity and deflection ［J］. Journal of the Atmospheric Sciences, 2005, 62（6）：1849 − 1866.

［105］　YANG M J, ZHANG D L, HUANG H L. A modeling study of typhoon Nari（2001）at landfall. Part I：Topographic effects ［J］. Journal of the Atmospheric Sciences, 2008, 65（10）：3095 − 3115.

［106］　HSU L H, KUO H C, FOVELL R G. On the geographic asymmetry of typhoon translation speed across the mountainous island of Taiwan ［J］. Journal of the Atmospheric Sciences, 2013, 70（4）：1006 − 1022.

［107］　DONG M, CHEN L, LI Y, et al. Rainfall reinforcement associated with landfalling tropical cyclones ［J］. Journal of the Atmospheric Sciences, 2010, 67（11）：3541 − 3558.

［108］　徐彦伟, 康世昌, 张玉兰, 等. 夏季纳木错湖水蒸发对当地大气水汽贡献的方法探讨：基于水体稳定同位素的估算 ［J］. 科学通报, 2011, 56（13）：1042 − 1049.

［109］　ANYAH R O, SEMAZZI F H M, XIE L. Simulated physical mechanisms associated with climate variability over Lake Victoria Basin in east Africa ［J］. Monthly Weather Review, 2006, 134（12）：3588 − 3609.

［110］　LONG Z, PERRIE W, GYAKUM J, et al. Northern lake impacts on local seasonal climate ［J］. Journal of Hydrometeorology, 2007, 8（4）：881 − 896.

［111］　XING Y, NI G, YANG L, et al. Modeling the impacts of urbanization and open water surface on heavy convective rainfall：A case study over the emerging Xiong'an city, China ［J］. Journal of Geophysical Research：Atmospheres, 2019, 124（16）：9078 − 9098.

［112］　吕雅琼, 杨显玉, 马耀明. 夏季青海湖局地环流及大气边界层特征的数值模拟 ［J］. 高原气象, 2007（4）：686 − 692.

［113］　唐滢, 黄安宁, 田栗嵘, 等. 夏季太湖局地气候效应的数值模拟研究 ［J］. 气象科学, 2016, 36

（5）：647 – 654.

[114] BALSAMO G，SALGADO R，DUTRA E，et al. On the contribution of lakes in predicting near-surface temperature in a global weather forecasting model［J］. Tellus A：Dynamic Meteorology and Oceanography，2012，64（1）：15829.

[115] TSUJIMOTO K，KOIKE T. Land-lake breezes at low latitudes：the case of Tonle Sap Lake in Cambodia［J］. Journal of Geophysical Research：Atmospheres，2013，118（13）：6970 – 6980.

[116] GU H，MA Z，LI M. Effect of a large and very shallow lake on local summer precipitation over the Lake Taihu basin in China［J］. Journal of Geophysical Research：Atmospheres，2016，121（15）：8832 – 8848.

[117] LI Y，CHEN L. Numerical study on impact of the boundary layer fluxes over wetland on sustention and rainfall of landfalling tropical cyclones［J］. Acta Meteorologica Sinica，2007，21（1）：34 – 46.

[118] ZHANG S，CHEN L，LI Y. Statistical analysis and numerical simulation of Poyang Lake's influence on tropical cyclones［J］. Journal of Tropical Meteorology，2012，18（2）：249 – 262.

[119] 王晓芳，刘泽军. 登陆我国过湖泊热带气旋的统计特征［J］. 热带气象学报，2008（5）：539 – 545.

[120] 麦子，李英，魏娜. 登陆热带气旋在鄱阳湖区的活动特征及原因分析［J］. 大气科学，2017，41（2）：385 – 394.

[121] ZHANG N，CHEN Y. A case study of the upwind urbanization influence on the urban heat island effects along the Suzhou-Wuxi corridor［J］. Journal of Applied Meteorology and Climatology，2014，53（2）：333 – 345.

[122] 许鲁君，刘辉志，曹杰. 大理苍山-洱海局地环流的数值模拟［J］. 大气科学，2014，38（6）：1198 – 1210.

[123] 任侠，王咏薇，张圳，等. 太湖对周边城市热环境影响的模拟［J］. 气象学报，2017，75（4）：645 – 660.

[124] BONAN G B. Forests and Climate Change：Forcings，feedbacks，and the climate benefits of forests［J］. Science，2008，320（5882）：1444.

[125] 陈海山，钱满亿，华文剑. 中南半岛春季植被覆盖变化及其与 ENSO 的联系［J］. 大气科学学报，2020，43（6）：1065 – 1075.

[126] HUA W，CHEN H，ZHOU L，et al. Observational quantification of climatic and human influences on vegetation greening in China［J］. Remote Sensing，2017，9：425.

[127] YU M，WANG G，CHEN H. Quantifying the impacts of land surface schemes and dynamic vegetation on the model dependency of projected changes in surface energy and water budgets［J］. Journal of Advances in Modeling Earth Systems，2016，8（1）：370 – 386.

[128] ZHOU X，GEERTS B. The influence of soil moisture on the planetary boundary layer and on cumulus convection over an isolated mountain. Part I：observations［J］. Monthly Weather Review，2013，141（3）：1061 – 1078.

[129] NOTARO M，CHEN G，YU Y，et al. Regional climate modeling of vegetation feedbacks on the A-sian? Australian monsoon systems［J］. Journal of Climate，2017，30（5）：1553 – 1582.

[130] NOTARO M，LIU Z. Statistical and dynamical assessment of vegetation feedbacks on climate over the boreal forest［J］. Climate Dynamics，2008，31（6）：691 – 712.

[131] YU E，WANG H，SUN J，et al. Climatic response to changes in vegetation in the Northwest Hetao Plain as simulated by the WRF model［J］. International Journal of Climatology，2013，33（6）：1470 – 1481.

[132]　MA D，NOTARO M，LIU Z，et al. Simulated impacts of afforestation in East China monsoon region as modulated by ocean variability [J]. Climate Dynamics，2013，41（9）：2439 – 2950.

[133]　GAMBILL L D，MECIKALSKI J R. A satellite-based summer convective cloud frequency analysis over the southeastern United States [J]. Journal of Applied Meteorology and Climatology，2011，50（8）：1756 – 1769.

[134]　PIELKE SR R A. Influence of the spatial distribution of vegetation and soils on the prediction of cumulus convective rainfall [J]. Reviews of Geophysics，2001，39（2）：151 – 177.

[135]　LEE S H，KIMURA F. Comparative studies in the local circulations induced by land-use and by topography [J]. Boundary-Layer Meteorology，2001，101（2）：157 – 182.

[136]　GERO A F，PITMAN A J. The impact of land cover change on a simulated storm event in the Sydney Basin [J]. Journal of Applied Meteorology and Climatology，2006，45（2）：283 – 300.

[137]　PERLIN N，ALPERT P. Effects of land-use modification on potential increase of convection：A numerical mesoscale study over south Israel [J]. Journal of Geophysical Research：Atmospheres，2001，106（D19）：22621 – 22634.

[138]　GSRCIA C L，PARKER D J，MARSHAM J H. What is the mechanism for the modification of convective cloud distributions by land surface-induced flows？[J]. Journal of the Atmospheric Sciences，2011，68（3）：619 – 634.

[139]　姚秀萍，岳彩军，寿绍文. Q 矢量原理及其在天气分析和预报中的应用 [M]. 北京：气象出版社，2012.

[140]　寿绍文. 中尺度气象学 [M]. 3 版. 北京：气象出版社，2012.

[141]　谢义炳. 湿斜压大气动力学问题//暴雨文集 [C]. 长春：吉林人民出版社，1978.

[142]　谢义炳. "75.8"河南特大暴雨的动力学分析 [J]. 气象学报，1979（4）：45 – 55.

[143]　雷雨顺. 能量天气学 [M]. 北京：气象出版社，1986.

[144]　陆尔，丁一汇，李月洪. 1991 年江淮特大暴雨的位涡分析与冷空气活动 [J]. 应用气象学报，1994（3）：266 – 274.

[145]　寿绍文，励申申，寿亦萱，等. 中尺度大气动力学 [M]. 北京：高等教育出版社，2009.

[146]　叶笃正，高由禧，刘匡南. 1945—1946 年亚洲南部与美洲西南部急流进退之探讨 [J]. 气象学报，1952（Z1）：1 – 32.

[147]　叶笃正，李麦村. 中小尺度运动中风场和气压场的适应 [J]. 气象学报，1964（4）：409 – 423.

[148]　YEH T C. On the formation of quasi-geostrophic motion in the atmosphere [J]. Journal of the Meteorological Society of Japan，1957，35A：130 – 134

[149]　曾庆存. 数值天气预报的数学物理基础：第一卷 [M]. 北京：科技出版社，1979.

[150]　曾庆存，季仲贞. 发展方程的计算稳定性问题 [J]. 计算数学，1981（1）：79 – 86.

[151]　王斌，季仲贞. 显式完全平方守恒差分格式的构造及其初步检验 [J]. 科学通报，1990（10）：766 – 768.

[152]　薛纪善，陈德辉. 数值预报系统 GRAPES 的科学设计与应用 [M]. 北京：科学出版社，2008.

[153]　CHEN D H，XUE J S，YANG X S，et al. New generation of multi-scale NWP system（GRAPES）：General scientific design [J]. Chinese Sci Bull，2008，53（22）：3433 – 3445

[154]　沈学顺，王建捷，李泽椿，等. 中国数值天气预报的自主创新发展 [J]. 气象学报，2020，78（3）：451 – 476.

[155]　YU R C，ZHANG Y，WANG J J，et al. Recent progress in numerical atmospheric modeling in China [J]. Advances in Atmospheric Sciences ，2019，36（9）：938 – 960.

[156]　ALLWINE K J，SHINN J H，STREIT G E. Overview of URBAN 2000：A multiscale field study of dispersion through an urban environment [J]. Bulletin of the American Meteorological Society，

2002，83：521-536.

[157]　FISHER B, KUKKONEN J, PIRINGER M，et al. Meteorology applied to urban air pollution problems：concepts from COST 715 [J]. Atmos. Chem. Phys，2006，6：555-564.

[158]　CRAIG K J, BORNSTEIN R D. Urbanization of numerical mesoscale models [C]. Proceedings of the 2001 International Symposium on Environmental Hydraulics. 2001，ISEH and IAHR.

[159]　MESTAYER P G, DURAND P, AUGUSTIN P. The urban boundary-layer field campaign in Marseille （UBL/CLU- ESCOMPTE）：Set-up and first results [J]. Boundary- Layer Meteorology，2005，114：315-365.

[160]　OKE T R, SPROKEN-SMITH R A, JAUREGUI E，et al. The energy balance of central Mexico City during the dry season [J]. Atmospheric Environment，1999，33：3919-3930.

[161]　KANDA M, MORIWAKI R, ROTH M，et al. Area-averaged sensible heat flux and a new method to determine zero-plane displacement length over an urban surface using scintillometry [J]. Boundary-Layer Meteorology，2002，105：177-193.

[162]　ROTACH M W, VOGT R, BERNHOFER C，et al. BUBBLE an urban boundary layer meteorology project [J]. Theoretical and Applied Clim atology，2005 （81）：231-261.

[163]　徐祥德，周丽，周秀骥，等. 城市环境大气重污染过程周边源影响域 [J]. 中国科学 （D 辑：地球科学），2004 （10）：958-966.

[164]　徐祥德，周秀骥，施晓晖. 城市群落大气污染源影响的空间结构及尺度特征 [J]. 中国科学 （D 辑：地球科学），2005 （S1）：1-19.

[165]　张美根，胡非，邹捍，等. 大气边界层物理与大气环境过程研究进展 [J]. 大气科学，2008 （4）：923-934.

[166]　刘罡，孙鉴泞，蒋维楣，等. 城市大气边界层的综合观测研究——实验介绍与近地层微气象特征分析 [J]. 中国科学技术大学学报，2009，39 （1）：23-32.

[167]　BROWN M J. Urban parameterizations for meteorological models [M] // Mesoscale Atmospheric Dispersion. Boston：WIT Press，2000.

[168]　BROWN M J, WILLIAMS M. An urban canopy parameterization for mesoscale meteorological models [C] //2nd Urban Environment Symposium，Albuquerque，New Mexico. American Meteorological Society，1998：LA-UR-98-3831.

[169]　CHEN F, KUSAKA H, TEWARI M，et al. Utilizing the coupled WRF/LSM/Urban modeling system with detailed urban classification to simulate the urban island phenomena over Greater Houston area [C]. Fifth conference on urban environment，Vancouver，BC，Canada：Amer. meteor/Soc.，CD-ROM，2004：9. 11.

[170]　CHEN F, TEWARI M, KUSAKA M，et al. Current status of urban modeling in the community weather research and forecast （WRF） model [C]. Joint with sixth symposium on the urban environment and AMS Forum：Managing our physical and NATURAL resources：Successes and Challenges，Atlanta，GA，USA：Amer. meteor. Soc.，CD-ROM，2006：J1. 4.

[171]　苗世光，CHEN Fei，李青春，等. 北京城市化对夏季大气边界层结构及降水的月平均影响 [J]. 地球物理学报，2010，53 （7）：1580-1593.

[172]　MIAO S G, CHEN F, LI Q C，et. al Impacts of urban processes and urbanization on summer precipitation：A case study of heavy rainfall in Beijing on 1 Aug 2006 [J]. Journal of Applied Meteorology and Climatology，2011，50 （4）：806-825.

[173]　华文剑，陈海山，李兴. 中国土地利用/覆盖变化及其气候效应的研究综述 [J]. 地球科学进展，2014，29 （9）：1025-1036.

[174]　FEDDEMA J J, OLESON K W, BONAN G B，et al. The importance of land-cover change in simu-

lating future climates [J]. Science, 2005, 310 (5754): 1674.

[175] CHANGNON S A. Inadvertent weather modification in urban areas: lessons for global climate Change [J]. Bulletin of the American Meteorological Society, 1992, 73 (5): 619 – 627.

[176] CHEN H, ZHANG Y, YU M, et al. Large-scale urbanization effects on eastern Asian summer monsoon circulation and climate [J]. Climate Dynamics, 2016, 47 (1): 117 – 136.

[177] CHEN H, ZHANG Y. Sensitivity experiments of impacts of large-scale urbanization in East China on east Asian winter monsoon [J]. Chinese Science Bulletin, 2013, 58 (7): 809 – 815.

[178] HAND L M, SHEPHERD J M. An investigation of warm-season spatial rainfall variability in Oklahoma City: Possible linkages to urbanization and prevailing wind [J]. Journal of Applied Meteorology and Climatology, 2009, 48 (2): 251 – 269.

[179] YANG P, REN G, YAN P. Evidence for a strong association of short-duration intense rainfall with urbanization in the Beijing urban area [J]. Journal of Climate, 2017, 30 (15): 5851 – 5870.

[180] LIANG X, MIAO S, LI J, et al. SURF: Understanding and predicting urban convection and haze [J]. Bulletin of the American Meteorological Society, 2018, 99 (7): 1391 – 1413.

[181] CHANGNON S A. Rainfall changes in summer caused by St. Louis [J]. Science, 1979, 205 (4404): 402 – 404.

[182] CHANGNON S A, HUFF F A, SCHICKEDANZ P T, et al. Summary of METROMEX, Vol. 1: Weather Anomalies and Impacs [M]. Urban: Bulletin 62, Illinois State Water Survey, 1977: 260.

[183] 周淑贞, 张超. 城市气候学导论 [M]. 上海: 华东师范大学出版社, 1985.

[184] 谈建国, 顾问. 城市化降水效应研究进展 [J]. 气象科技进展, 2015, 5 (6): 17 – 22.

[185] 岳彩军, 唐玉琪, 顾问, 等. 城市阻碍效应对局地台风降水的影响 [J]. 气象, 2019, 45 (11): 1611 – 1620.

[186] ZHANG D L, JIN M S, SHOU Y, et al. The influences of urban building complexes on the ambient flows over the Washington-Reston region [J]. Journal of Applied Meteorology and Climatology, 2019, 58 (6): 1325 – 1336.

[187] YU M, LIU Y. The possible impact of urbanization on a heavy rainfall event in Beijing [J]. Journal of Geophysical Research: Atmospheres, 2015, 120 (16): 8132 – 8143.

[188] YANG L, LI Q, YUAN H, et al. Impacts of urban canopy on two convective storms with contrasting synoptic conditions over Nanjing, China [J]. Journal of Geophysical Research: Atmospheres, 2021, 126 (9): e2020JD034509.

[189] MIAO S, CHEN F, LI Q, et al. Impacts of urban processes and urbanization on summer precipitation: a case study of heavy rainfall in Beijing on 1 August 2006 [J]. Journal of Applied Meteorology and Climatology, 2011, 50 (4): 806 – 825.

[190] 苗世光, 蒋维楣, 梁萍, 等. 城市气象研究进展 [J]. 气象学报, 2020, 78 (3): 477 – 499.

[191] BORNSTEIN R, LIN Q. Urban heat islands and summertime convective thunderstorms in Atlanta: Three case studies [J]. Atmospheric Environment, 2000, 34 (3): 507 – 516.

[192] HAN J Y, BAIK J J. A theoretical and numerical study of urban heat island-induced circulation and convection [J]. Journal of the Atmospheric Sciences, 2008, 65 (6): 1859 – 1877.

[193] JIANG X, LUO Y, ZHANG D-L, et al. Urbanization enhanced summertime extreme hourly precipitation over the Yangtze River Delta [J]. Journal of Climate, 2020, 33 (13): 5809 – 5826.

[194] YAN M, CHAN J C L, ZHAO K. Impacts of urbanization on the precipitation characteristics in Guangdong Province, China [J]. Advances in Atmospheric Sciences, 2020, 37 (7): 696 – 706.

[195] ZHANG D L. Rapid urbanization and more extreme rainfall events [J]. Science Bulletin, 2020, 65

(7)：516 - 518.

[196] NIYOGI D，PYLE P，LEI M，et al. Urban Modification of Thunderstorms：An Observational Storm Climatology and Model Case Study for the Indianapolis Urban Region [J]. Journal of Applied Meteorology and Climatology，2011，50 (5)：1129 - 1144.

[197] XINSHU FU，XIU - QUN YANG，XUGUANG SUN. Spatial and diurnal Diurnal Variations of Summer Hourly Rainfall Over Three Super City Clusters in Eastern China and Their Possible Link to the Urbanization [J]. Journal of Geophysical Research：Atmospheres，2019，124 (10)：5445 - 5462.

[198] ZHANG C L，CHEN F，MIAO S G，et al. Impacts of urban expansion and future green planting on summer precipitation in the Beijing metropolitan area [J]. Journal of Geophysical Research：Atmospheres，2009，114 (D2).

[199] CHRISTOPHER C H，TAM C Y，JOHNNY C. L. CHAN. Sensitivity of urban rainfall to anthropogenic heat flux：A numerical experiment [J]. Geophysical Research Letters，2016，43 (5)：2240 - 2248.

[200] 徐蓉，苗峻峰，谈哲敏. 南京地区城市下垫面特征对雷暴过程影响的数值模拟 [J]. 大气科学，2013，37 (6)：1235 - 1246.

[201] ZHANG W，VILLARINI G，VECCHI G A，et al. Urbanization exacerbated the rainfall and flooding caused by hurricane Harvey in Houston [J]. Nature，2018，563 (7731)：384 - 388.

[202] J MARSHALL SHEPHERD，MICHAEL CARTER. The Impact of Urbanization on Current and Future Coastal Precipitation：A Case Study for Houston [J]. Environment and Planning B：Planning and Design，2010，37 (2)：284 - 304.

[203] LONG Y，JAMES A. SMITH，MARY LYNN BAECK，et al. Impact of Urbanization on Heavy Convective Precipitation under Strong Large-Scale Forcing：A Case Study over the Milwaukee-Lake Michigan Region [J]. American Meteorological Society，2014，15 (1)：261 - 278.

[204] RYU Y H，JAMES A S，ELIE B Z，et al. The Influence of Land Surface Heterogeneities on Heavy Convective Rainfall in the Baltimore-Washington Metropolitan Area [J]. Monthly Weather Review，2016，144 (2)：553 - 573.

[205] XIAO Z X，WANG Z Q，HUANG M C，et al. Urbanization in an Underdeveloped City-Nanning，China and its Impact on a Heavy Rainfall Event in July [J]. Earth and Space Science，2020，7 (4)：e2019EA000991.

[206] 丁一汇. 气候变化与城市化效应对中国超大城市极端暴雨的影响 [J]. 中国防汛抗旱，2018，28 (02)：1 - 2.

[207] XIQUAN WANG，ZIFA WANG，YANBIN QI，et al. Effect of urbanization on the winter precipitation distribution in Beijing area [J]. Science in China Series D：Earth Sciences，2009，52 (2)：250 - 256.

[208] JUN WANG，JINMING FENG，ZHONGWEI YAN，et al. Nested high - resolution modeling of the impact of urbanization on regional climate in three vast urban agglomerations in China [J]. Journal of Geophysical Research：Atmospheres，2012，117 (D21)：103 - 120.

[209] JUN WANG，JINMING FENG，ZHONGWEI YAN. Impact of Extensive Urbanization on Summertime Rainfall in the Beijing Region and the Role of Local Precipitation Recycling [J]. Journal of Geophysical Research：Atmospheres，2018，123 (7)：3323 - 3340.

[210] JIZENG DU，KAICUN WANG，SHAOJING JIANG，et al. Urban Dry Island Effect Mitigated Urbanization Effect on Observed Warming in China [J]. Journal of Climate，2019，32 (18)：5705 - 5723.

[211]　GAO ZHIBO, ZHU JIANGSHAN, GUO YAN, et al. Impact of Land Surface Processes on a Record - Breaking Rainfall Event on May 06 - 07, 2017, in Guangzhou, China [J]. Journal of Geophysical Research: Atmospheres, 2021, 126 (5): e2020JD032997.

[212]　陈敏, 仲跻芹, 郑祚芳. 北京地区一次强降水过程的多种观测资料四维变分同化试验 [J]. 北京大学学报 (自然科学版), 2008 (5): 756 - 764.

[213]　芮孝芳. 水文学原理 [M]. 北京: 中国水利水电出版社, 2013.

[214]　HORTON, R. E Surface Runoff Phenomena, Part I. Analysis of the Hydrograph [M]. Horton Hydrologic Laboratory Publication 101. Voorheesville, New York, 1935.

[215]　芮孝芳. 关于降雨产流机制的几个问题的讨论 [J]. 水利学报, 1996 (9): 22 - 26.

[216]　THOMAS D, RICHARD D. B. An Experimental Investigation of Runoff Production in Permeable Soils [J]. Water Resources Research, 1970, 6 (2): 478 - 490.

[217]　芮孝芳, 宫兴龙, 张超, 等. 流域产流分析及计算 [J]. 水力发电学报, 2009, 28 (6): 146 - 150.

[218]　芮孝芳. 产流模式的发现与发展 [J]. 水利水电科技进展, 2013, 33 (1): 1 - 6, 26.

[219]　曾戴球, 雷加忠. 短期洪水预报中两个问题的研究 [J]. 水利水电技术 (水文副刊), 1965 (5): 16 - 19.

[220]　邓沽霖. 超渗产流情况下降雨径流预报方法的建议 [J]. 水利水电技术 (水文副刊), 1965 (6): 18 - 21.

[221]　水利电力部福建省水文总站. 闽江沙溪降雨径流关系的探讨 [J]. 水利水电技术 (水文副刊), 1965 (7): 13 - 18.

[222]　赵人俊, 庄一鸼. 降雨径流关系的区域规律 [J]. 华东水利学院学报 (水文分册), 1963 (S2): 53 - 68.

[223]　赵人俊. 流域水文模拟 [M]. 北京: 水利电力出版社, 1984: 32 - 70.

[224]　WEIMIN BAO, LIPING ZHAO. Application of Linearized Calibration Method for Vertically Mixed Runoff Model Parameters [J]. Journal of Hydrologic Engineering, 2014, 19 (8): 04014007.

[225]　DAYANG LI, ZHONGMIN LIANG, YAN ZHOU, et al. Multicriteria assessment framework of flood events simulated with vertically mixed runoff model in semiarid catchments in the middle Yellow River [J]. Natural Hazards and Earth System Sciences, 2019, 19 (9): 2027 - 2037.

[226]　刘昌军. 基于人工智能和大数据驱动的新一代水文模型及其在洪水预报预警中的应用 [J]. 中国防汛抗旱, 2019, 29 (5): 11, 22.

[227]　芮孝芳. 随机产汇流理论 [J]. 水利水电科技进展, 2016, 36 (5): 8 - 12, 39.

[228]　徐向阳, 陈元芳. 工程水文学 [M]. 5 版. 北京: 中国水利水电出版社, 2020.

[229]　梅超, 刘家宏, 王浩, 等. 城市下垫面空间特征对地表产汇流过程的影响研究综述 [J]. 水科学进展, 2021, 32 (5): 791 - 800.

[230]　夏军, 张印, 梁昌梅, 等. 城市雨洪模型研究综述 [J]. 武汉大学学报 (工学版), 2018, 51 (2): 95 - 105.

[231]　G. A. HODGKINS, R. W. DUDLEY, S. A. ARCHFIELD, et al. Effects of climate, regulation, and urbanization on historical flood trends in the United States [J]. Journal of Hydrology, 2019, 573: 697 - 709.

[232]　陈佩琪, 王兆礼, 曾照洋, 等. 城市化对流域水文过程的影响模拟与预测研究 [J]. 水力发电学报, 2020, 39 (9): 67 - 77.

[233]　ARNOLD C L, GIBBONS C J. Impervious surface coverage: the emergence of a key environmental indicator [J]. Journal of the American Planning Association, 1996, 62: 243 - 258.

[234]　DUNNE T, LEOPOLD L B. Water in Environmental Planning [M]. New York: Freeman Publications, 1978.

［235］ LEOPOLD L B. HYDROIOGY for Urban Land Planning——A Guidebook on The Hydrologic Effects of Urban Land Use, Geological Survey Circular 554 ［M］. Washington, DC: United States Department of the Interior Publication, 1968.

［236］ PACKMAN J. The Effects of Urbanisation on Flood Magnitude and Frequency ［R］. Institute of Hydrology Report No 63, Wallingford, Oxfordshire, 1980.

［237］ FLETCHER T D, ANDRIEU H, HAMEL P. Understanding, management and modeling of urban hydrology and its consequences for receiving waters: A state of the art ［J］. Advances in Water Resources, 2013, 51: 261 - 279.

［238］ HOLLIS G E. The effect of urbanization on floods of different recurrence interval ［J］. Water Resources Research, 2010, 11 (3): 431 - 435.

［239］ 刘慧娟, 卫伟, 王金满, 等. 城市典型下垫面产流过程模拟实验 ［J］. 资源科学, 2015, 37 (11): 2219 - 2227.

［240］ URBONAS B, GUO J, TUCKER L, et al. Sizing capture volume for stormwater quality enhancement ［J］. Flood Hazard News, 1989, 19 (1): 1 - 9.

［241］ OLIVERA F, DEFEE B B. Urbanization and its effect on runoff in the Whiteoak Bayou Watershed, Texas ［J］. Journal of the American Water Resources Association, 2007, 43: 170 - 182.

［242］ 左仲国. 下垫面变化对洪水及水资源的影响研究 ［D］. 南京: 河海大学, 2003.

［243］ 李强, 黄浩, 张鲸. 控制性详细规划约束下的城市不透水面研究: 以北京典型街区为例 ［J］. 城市发展研究, 2019, 26 (7): 1 - 6.

［244］ HAMILTON BEN, COOPS NICHOLAS C., LOKMAN KEES. Time series monitoring of impervious surfaces and runoff impacts in Metro Vancouver ［J］. Science of the Total Environment, 2021: 760.

［245］ 石树兰, 庞博, 赵刚, 等. 基于有效不透水面识别的城市雨洪过程模拟研究 ［J］. 北京师范大学学报 (自然科学版), 2019, 55 (5): 595 - 602.

［246］ C. S. S. FERREIRA, R. MORUZZI, J. M. G. P. ISIDORO, et al. Impacts of distinct spatial arrangements of impervious surfaces on runoff and sediment fluxes from laboratory experiments ［J］. Anthropocene, 2019, 28 (C): 100219.

［247］ 要志鑫, 孟庆岩, 孙震辉, 等. 不透水面与地表径流时空相关性研究——以杭州市主城区为例 ［J］. 遥感学报, 2020, 24 (2): 182 - 198.

［248］ 何文华. 城市化对济南市暴雨洪水的影响及其洪水模拟研究 ［D］. 广州: 华南理工大学, 2010.

［249］ ADAM B J, PAPA F. Urban Storm Water Management Planning with Probabilistic Model ［M］. New York: Wiley, 2012.

［250］ 胡伟贤, 何文华, 黄国如, 等. 城市雨洪模拟技术研究进展 ［J］. 水科学进展, 2010, 21 (1): 137 - 144.

［251］ 宋晓猛, 张建云, 王国庆, 等. 变化环境下城市水文学的发展与挑战——Ⅱ. 城市雨洪模拟与管理 ［J］. 水科学进展, 2014, 25 (5): 752 - 764.

［252］ 岑国平, 沈晋, 范荣生, 等. 城市地面产流的试验研究 ［J］. 水利学报, 1997 (10): 48 - 53, 72.

［253］ W. D. SHUSTER, E. PAPPAS, Y. ZHANG. Laboratory-Scale Simulation of Runoff Response from Pervious-Impervious Systems ［J］. Journal of Hydrologic Engineering, 2008, 13 (9): 886 - 893.

［254］ V. P. SINGH. Accuracy of kinematic wave and diffusion wave approximations for space - independent flows on infiltrating surfaces with lateral inflow neglected in the momentum equation ［J］. Hydrological Processes, 1995, 9 (7): 783 - 796.

［255］ 任伯帜. 城市设计暴雨及雨水径流计算模型研究 ［D］. 重庆: 重庆大学, 2004.

[256] MIGNOT E, PAQUIER A, HAIDER S. Modeling floods in adense urban area using 2D shallow water equations [J]. Journal of Hydeology, 2006, 237 (1 - 2): 186 - 189.

[257] 周玉文, 赵洪宾. 排水管网理论与计算 [M]. 北京: 中国建筑工业出版社, 2000.

[258] 岑国平. 城市雨水径流计算模型 [J]. 水利学报, 1990 (10): 68 - 75.

[259] 岑国平, 沈晋, 范荣生. 马斯京根法在雨水管道流量演算中的应用 [J]. 西安理工大学学报, 1995 (4): 275 - 278.

[260] 周玉文, 孟昭鲁, 宋军. 城市雨水管网非线性运动波法模拟技术 [J]. 给水排水, 1995 (4): 9 - 11, 3.

[261] 张念强, 李娜, 甘泓, 等. 城市洪涝仿真模型地下排水计算方法的改进 [J]. 水利学报, 2017, 48 (5): 526 - 534.

[262] REN, BOZHI, LI, HEZHI, TANG YAN. The urban unsteady and non-pressure rain pipe flow routing by the dynamical-wave method [J]. 中国工程科学: 英文版, 2010, 8 (4): 65 - 69.

[263] 臧文斌, 赵雪, 李敏, 等. 城市洪涝模拟技术研究进展及发展趋势 [J]. 中国防汛抗旱, 2020, 30 (11): 1 - 13.

[264] CANTONE, J. P. Improved understanding and prediction of the hydrologic response of highly urbanized catchments through development of the Illinois Urban Hydrologic Model (IUHM) [D]. University of Illinois at Urbana-Champaign, 2010.

[265] 刘佳明. 城市雨洪放大效应及分布式城市雨洪模型研究 [D]. 武汉: 武汉大学, 2016.

[266] KOUDELAK P, WESE S. Sewerage network modeling in Lativia, use of info works CS and storm water management model 5 in Liepaja city [J]. Water and Environment Journal, 2007, 22 (2): 81 - 87.

[267] CHRISTOPHER ZOPPOU. Review of urban storm water models [J]. Environmental Modelling and Software, 2001, 16 (3): 195 - 231.

[268] S Djordjević, D Prodanović, C Maksimović, et al. SIPSON——simulation of interaction between pipe flow and surface overland flow in networks [J]. water science & technology a journal of the international association on water pollution research, 2005, 52 (5): 275 - 283.

[269] ALBERT S. CHEN, BARRY EVANS, SLOBODAN Djordjević, et al. Multi-layered Coarse grid modelling in 2D urban flood simulations [J]. Journal of Hydrology, 2012: 470 - 471.

[270] BEHZAD JAMALI, ROLAND Löwe, PETER M. BACH, et al. A rapid urban flood inundation and damage assessment model [J]. Journal of Hydrology, 2018: 564.

[271] 刘树坤, 于天一. 再现洪水入侵过程——应用二维不恒定流理论对洪水进行模拟计算 [J]. 中国水利, 1987 (4): 27 - 28.

[272] 岑国平. 暴雨资料的选样与统计方法 [J]. 给水排水, 1999 (4): 4 - 7.

[273] 向立云, 张大伟, 何晓燕, 等. 防洪减灾研究进展 [J]. 中国水利水电科学研究院学报, 2018, 16 (5): 362 - 372.

[274] 马建明, 喻海军, 张大伟, 等. 洪水分析软件在洪水风险图编制中的应用 [J]. 中国水利, 2017 (5): 17 - 20.

[275] 侯精明, 王润, 李国栋, 等. 基于动力波法的高效高分辨率城市雨洪过程数值模型 [J]. 水力发电学报, 2018, 37 (3): 40 - 49.

[276] 谢莹莹, 刘遂庆, 信昆仑. 城市暴雨模型发展现状与趋势 [J]. 土木建筑与环境工程, 2006, 28 (5): 136 - 139.

[277] ROSSMAN L A. Storm Water Management Model User's Manual [R]. 2009.

[278] 黄国如, 黄晶, 喻海军, 等. 基于 GIS 的城市雨洪模型 SWMM 二次开发研究 [J]. 水电能源科学, 2011, 29 (4): 43 - 45, 195.

［279］ BURSZTA ADAMIAK E，MROWIEC M. Modelling of green roofs，hydrologic performance using EPA's SWMM ［J］. Water Science & Technology，2013，68（1）：36 - 42.

［280］ PARK S Y，LEE K W，PARK I H，et al. Effect of the aggregation level of surface runoff fields and sewer network for a SWMM simulation ［J］. Desalination，2008，226（1）：328 - 337.

［281］ 喻海军，马建明，张大伟，等. IFMS Urban 软件在城市洪水风险图编制中的应用 ［J］. 中国防汛抗旱，2018，28（7）：13 - 17.

2 城市蓄涝体系的研究背景与优化思路

2.1 城市内涝防治系统的传统建设管理模式

2.1.1 古代的城市内涝防治系统建设管理情况[1]

众所周知，作为城市基础设施之一的内涝防治系统，其建设总离不开城市总体规划与土地利用规划。我们的先人也不例外，非常重视城市规划与土地安排。战国时代的《周礼·考工记·匠人营国》记载："匠人营国，方九里，旁三门。国中九经九纬，……"，《商君书·算地篇》记载："故为国任地者：山林居什一，薮泽居什一，薮谷流水居什一，都邑蹊道居什四，此先王之正律也。"

古人在规划城市的时候，就充分考虑供水、灌溉、排水、除涝、防洪、防御，以及航运和防火的要求，战国后期的《管子》一书就提出："凡立国都，非于大山之下，必于广川之上，高毋近旱而水用足，下毋近水而沟防省""地高则沟之，下则堤之"，等等。因此，我国古代城市往往滨水而建，环城建有护城河，城内亦有完整的水系，包括河道、沟渠、湖泊、池塘、洼地等；保持着较高的河道密度和调蓄空间。如汉长安城内河道密度为 $1.0km/km^2$，昆明池蓄水能力达 3549.7 万 m^3；宋东京城河道密度为 $1.6km/km^2$，总蓄水能力为 1852.2 万 m^3；明清北京城河道密度为 $1.1km/km^2$，总蓄水能力为 1935.3 万 m^3，等等。

我国历朝历代都有水官及类似设置，专职负责管理水利与工程事宜，城市排水设施的规划、建设、维护和管理，也在其职责范围之内。并设有管理城池沟洫的专职官员，而且，制定了许多与城市排水有关的制度和法规。宋代建立了"岁修"制度，每年定期疏浚河渠；如汴河，"每岁兴夫开导至石板石人以为则。岁有常役，民未尝病之。而水行地中。京师内外有八水口，泻水入汴。故京师虽大雨无复水害，昔人之画善矣"。清代，京城内外排水沟渠有专人分段进行管理，有记载，"是岁，定修筑城壕例；护城河遇水冲坏处，内城由工部委官修筑；外城由顺天府及五城官修筑；城上挂漏处，由步军统领衙门会同工部委官修补"（康熙五年，1666 年）。

2.1.2 近代的城市内涝防治系统建设管理情况

中华人民共和国成立以后，我国一直采用城市排水工程和城市防洪排涝工程的二元工程体系架构解决城市的洪涝灾害问题。

在城市总体规划与土地利用的框架下，由城市建设部门开展市政排水系统的建设。在过去的城市规划和土地开发模式中，缺少对自然条件的保护和利用，疏于"留白增绿"；"追求经济利益"的土地价值取向之下，热衷于"见缝插针"，原有的地貌、水系、滞蓄洪区、行洪通道、植被等自然环境在前期规划与"七通一平"过程中被破坏。21世纪以来，随着土地收购储备制度的推行，城市土地开发的模式从房地合一开发转到土地一、二级开发分离模式上来；地方政府在前期规划中，在关注土地的商品性、营利性的同时，也注重土地利用的社会性、生态性和公益性，城市土地开发的目标取向从"片面追求经济发展"逐渐转向"全面、协调、可持续发展"上来[2]。

20世纪，随着城市的拓展，一批农村排涝泵站、河湖水系进入建城区；为了满足城市排涝的需求，往往由水利部门主导这些泵站的扩容增效改造；进入城市的河湖水系也就成了市政排水系统的受纳水体。

在城市排涝实践中，水利排涝系统和市政排水系统是否协调，直接影响到内涝防治系统的工作效率。然而，由水利部门主管的水利排涝系统和住建部门负责的市政排水系统，涉及不同学科领域，依据的行业规范也不相同，采用的暴雨选样方法、设计标准、频率分布模型、设计流量计算方法等都有各自的特点[3]；如何在各自行业规范框架内合理确定工程规模，解决两个系统运行不协调问题，是很多学者的研究方向[4-8]。21世纪以来，两部门已经多次修订各自的规程规范，力图适应城市内涝防治需求。

另外，在我国传统的行政管理架构之下，随着行业的分头建设，分头管理亦是长期存在的问题。随着我国城镇化步伐的加快，大型、超大型城市不断涌现，城市管理需求不断提高，各地亦在结合自己城市的特点，尝试不同的排水管理模式。北京市成立排水集团统一运作，避免了排水管理过程中的多头管理，在管理效率上明显提高；南京市推出的管养分离，是在排水处管理养护一肩挑的情况下进行的改革，试图在政企分开的过程中进一步加强政府监管；深圳水务集团是国内市场化运作的成功先例，是今后城市排水管理的一个发展方向，但如何优先保障城市水安全是改革当中需要注意的关键环节；上海水务局将投资、建设、运营进行分离，成立专业公司各司其职，效率和服务也都得到提高，但是，如何在控制合理的人力成本之下加强对相关业务公司的监管，亦是确定改革举措时的重要考量因素[9]。

2.2 传统城市内涝防治系统的主要问题

2.2.1 城市化水文效应的关键应对措施缺乏

城市化水文效应主要体现为水文过程机制的改变。天然流域地表具有良好的透水性；雨水降落地面以后，一部分填充洼地，一部分下渗补给地下水，一部分涵养在地下水位以上的土壤孔隙内，其余部分产生地表径流，汇入收纳水体。而城市化以后，天然流域被开发、植被受破坏、土地利用状况改变、不透水性下垫面大量增加，使得城市地区的水文过程发生巨大变化[10]，如图2.1（a）[11]所示。此外，多数研究结果证实径流系数与不透水面积比例的关系呈显著的正相关[12]，如图 2.1（b）[13] 所示。

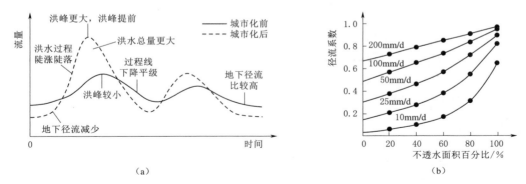

图 2.1　城市化对地表过程的影响示意图（来源：文献［11］，［13］）

改革开放以来，我国进入了城镇化快速发展阶段。在传统城市建设理念的影响下，城市下垫面过度硬化，破坏了原有的水文径流特征；同时，城市建设高强度开发、填湖（塘）造地、伐林减绿等粗放做法，在加快降水产汇流的同时，也导致径流系数和径流量增加，城市雨洪汇流快、峰值高。但是，传统的城市内涝防治系统不注重源头减排，以及水利排涝系统和市政排水系统间的能力协调，对城市化水文效应的应对措施缺乏针对性的研究，不能根据城市水文的特征选择相应措施。

2.2.2　城市排水排涝设施标准偏低

首先，受过去认识水平和经济社会发展阶段的影响，我国在城市排水防涝设施方面投入严重不足，城市排水管网和排涝泵站的建设标准普遍偏低。在老城区，排水能力不足更为突出，管网建设的年代累积效应，导致同一排水分区中各段设施的标准不一，局部老管网的排水标准低，不能适应短历时强降雨。而且，不注重暴雨峰值区的源头减排效果与中途雨洪转输能力的复核，雨洪中途输送不畅，瓶颈效应明显。

其次，随着城市建设功能的变化，原先建设强度不高、排水能力要求也不高的区域，实际排水需求大增，暴露出原有排水设施的能力不足。"重地上轻地下"的政绩观也导致大部分城市舍不得在地下排水、蓄水设施建设与改造的投入，历史欠账突出。

再次，易涝城市河道纵向坡降小，水流缓慢，水体流动性较差（部分为对向流），淤积情况较重，加上河湖清淤、管渠清掏不力，过水、蓄水能力大幅降低；导致本来标准就不高的设施还不能充分发挥作用，加大了城市内涝程度。

南昌市老城区的管网主要为20世纪八九十年代修建，也有少部分管网为20世纪五六十年代所建（省政府段北京路浆砌片石拱涵排水管道），甚至仍有部分清代的排水管道在使用（江西宾馆段叠山路青石盖板涵排水管）。历史欠账较多，管道破损渗漏严重；排水管道能力小于1年一遇标准较多。根据现状排水管网排水能力水力模型评估，建成区现状排水管渠排水能力见表2.1。

表 2.1		南昌市建成区现状排水管渠排水能力一览表			
排水能力	小于 1 年一遇/km	1～2 年一遇（包括 1 不包括 2）/km	2～3 年一遇（包括 2 不包括 3）/km	3～5 年一遇（包括 3 不包括 5）/km	大于等于 5 年一遇/km	总计
管网长度/km	314.4	1028.8	156.9	451.9	138	2090
比例/%	15	49.2	7.5	21.6	6.7	100

2.2.3 城市水体调蓄与排泄能力降低

在我国快速城镇化的进程当中，普遍存在"重建设轻保护"的倾向；同时，在城市土地利用方面，亦存在追求"经济效益最大化"的导向，导致很多城市没有把生态和安全放在突出位置。在城市发展中，没有真正认识到"道法自然"的重要性，在"人与自然和谐相处"方面做得有欠缺，开山、毁林、占田、填湖的现象屡有发生；没有认识到城市水系的重要作用，向水面要土地、填沟修路、填湖造房的现象一度十分严重。据统计，无锡古城在明代的河道密度高达 11.36km/km²，罕有洪涝之灾；截至 20 世纪 90 年代初，共填塞旧城区纵横河道 32 条，长达 31.4km，填塞大小水塘近 20 个，共填塞水体面积 47hm²；不仅破坏了城市风貌，而且加剧了内涝威胁。同样，苏州城在宋代有河道 82km，截至 20 世纪 90 年代初，仅剩下 35.28km，城河密度由每平方千米 5.8km 下降为 2.5km；绍兴城原有河道 60km，现仅剩下 30km，城河密度由每平方千米 7.9km 降为约 4km；温州城，宋代有河长 65km，现城河已全部填完，不复有水城风貌[14]。南昌城区也不例外，图 2.2 列出了 20 世纪初以来的不同时间节点的老城区（相同区域）水面分布情况，水面率从 1905 年的 28.18% 逐步下降到 21.22%（1949 年）、21.03%（1977 年）、17.95%（2010 年）。

虽然大多城市结合已有的湖泊、洼地和沟塘，设置城市蓄涝区；然而，侵占河湖洼地、拓展城市空间，是很多城市城镇化快速发展中的既往选择[15-16]；城市水面萎缩、河道缩窄或"渠化"，雨洪调蓄与排泄能力都在降低；暴雨期间，部分城市雨洪无路可走，无处可去；城市内涝风险增大、灾害加重，都是这些城市的通病[17-20]。近些年，"城市看海"几成常态；"水要回家"的故事屡屡上演。根据《中国水旱灾害统计公报》的统计数据，2011—2018 年全国平均每年有 154 座城市进水受淹或发生内涝。

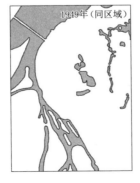
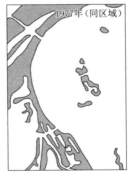
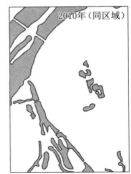

图 2.2 南昌市老城区水面变化演示图

2.2.4 城市竖向衔接不畅

城市内涝和城市竖向密切相关；2016 年，住建部门修订了 CJJ 83—2016《城乡建设用地竖向规划规范》，为了保障场地与道路、排水管网三者竖向衔接关系，特别从用地竖向高程上对防洪排涝做了专门的规定；为了进一步推动规范的落实，2020 年，亦有专家提出更具系统性、可实施性的专项规划编制模式[21]。

但是，在以往的城市建设实践当中，"竖向规划"往往被忽视，部分建筑、道路建设在地块标高较为低洼的地方；或者，一些先建的地块标高较低，后建的地块标高普遍较高，导致一些先建的地块成为低洼的"盆地"，容易产生内涝积水；另外，一些城市道路局部竖向满足相关规范要求，但从总体来看，不利于城市排水甚至对城市排水造成制约，人为制造出一些内涝积水点[22]。

如前所述，由水利部门主管的水利排涝系统和住建部门负责的市政排水系统在行业规范上存在差异，暴雨选样方法、设计标准与频率分布模型，设计排涝流量计算方法等都各不相同。在排涝实践中，系统的不衔接还表现在"分头建设导致城区排水工程与城市排涝工程的协调性不够"。城区排水工程对后续的排涝工程的运行过程缺乏深入研究，往往忽略了暴雨期间河湖水位变化对排水管网能力发挥的影响；水利排涝工程更加注重长历时降雨（一日暴雨）的区域总体排涝形势分析，而对短历时雨洪的汇集与传输、局地淹没影响等考虑得还不够。

2.3 中国"海绵城市"建设背景及面临的问题

2.3.1 中国"海绵城市"建设的背景

2.3.1.1 国际社会城市水管理理念的更新与发展

在全球高速城市化进程中，城市内涝多发、水环境污染和雨水资源大量流失等已成为制约城市可持续发展的关键问题。城市化发展的不同阶段，会面临不同的水系统问题[23]。在此过程中，国际社会为了促进水的循环利用、进一步获取雨水资源，应对全球性的水危机，提出一系列的雨洪管理理念。主要包括美国的低影响开发（low impact development，LID）、最佳管理措施（best management practices，BMPs）、绿色基础设施（green infrastructure）及绿色雨水基础设施（green stormwater infrastructurer，GSI）；英国的可持续排水系统（sustainable urban drainage system，SUDS）；德国的雨水利用（storm water harvesting）和雨洪管理（storm water management）；澳大利亚的水敏性城市（water sensitive urban design，WSUD）；新西兰的低影响城市设计与开发（low impact urban design and development，LIUDD）；日本的雨水贮存渗透计划等[24]。尽管这些理念的名称不同，但所采取的工程措施基本涵盖：透水铺装、雨水花园、绿色屋顶、植草沟等雨水渗透、滞留设施，以及生物滞蓄池、湿地等雨水贮存设施[25]。

其中，美国、德国和日本是较早开展低影响开发（LID）建设的国家，美国加州圣马特奥县（San Mateo County，California）的《绿色街道与停车场计划》、明尼苏达州伯恩斯维尔市（Burnsville，Minnesota）的"社区绿色街道"项目[26]，德国柏林的波茨坦广场的雨洪设施、汉诺威市的康斯伯格生态城雨水收集系统等都取得了良好的效果[27]。

基于以上理念，英国提出"可持续排水系统（sustainable drainage systems）"的概念，其基本原理是模仿自然过程，先存蓄雨水然后缓慢释放，促进雨水下渗，并运用设计技术过滤污染物，控制流速，创造宜人的环境。澳大利亚提出"水敏感城市设计（water sensitive urban design）"的思路，在城市开发中保护水质，将雨水处理与景观设计相结合，降低雨水径流量和峰值流量。其实质是将雨水从源头上进行收集、控制，减少暴雨径流与水资源浪费，不失为一种新型节水技术[28]。

2.3.1.2　国内不断加剧的城市内涝灾害

进入 21 世纪以后，"城市看海"成为我国季节性的网络热词与社会关注焦点；广州、武汉、北京、杭州等特大城市几乎"逢雨必涝，遇涝则瘫"，更是引发全国上下的广泛关注。2010 年 5 月 7 日，一场"史上最强"的暴雨让广州 35 个地下车库变身"水库"；随后，连续不断的降雨让广州水漫金山，严重的内涝让广州付出了惨重代价，损失高达 100 多亿元。2011 年 6 月，武汉市连续遭遇 5 轮暴雨袭击，尤以 6 月 18—19 日的大暴雨为例，城区积水严重，被网友戏称"东方威尼斯"。2012 年 7 月 21 日，特大暴雨侵袭华北，给京津冀地区带来巨大损失；北京降雨量达到自 1951 年有气象观测记录以来的最大值，90 座立交桥下的凹坑出现积水点，因内涝遇难人数达 79 人。2013 年 9 月 13 日的一场暴雨让杭州主城区瞬陷汪洋，之后台风"菲特"的登陆再度使杭州暴雨倾城，出现历史上罕见的西湖漫水现象[29]。

早在 2010 年，住房和城乡建设部（简称住建部）对 351 个城市进行了城市内涝调查，调查结果表明，由于城市排水设施不健全、标准低（基本上城市雨水排水管网建设标准在 1 年一遇的水平）等原因，有 61% 的城市出现不同程度的内涝。2012 年北京 7·21 特大暴雨后，国务院对城市内涝问题非常重视，并于 2013 年出台了《关于做好城市排水防涝设施建设工作的通知》（国办发〔2013〕23 号）。此后，住建部按照国办发〔2013〕23 号文件的要求，及时组织修订 GB 50014《室外排水设计规范》，提高了城市排水管网的设计标准，由过去的 1 年一遇，提高到 3～5 年一遇，同时补充了城市内涝防治要求。

但城市排水设施建设达标非一日之功，在社会普遍关注城市内涝问题的背景下，提出了通俗易懂的"海绵城市建设"，以解决社会最为关注的"逢雨必涝"为突破口，在方案的实施效果中提出"小雨不积水、大雨不内涝"的基本要求。

2.3.1.3　城市水体污染、生态恶化问题的倒逼

在我国城镇化进程中，除了内涝频发之外，诸多城市相继出现水体污染、生态恶化等情况。进入 21 世纪以来，经济社会的快速发展，由于生态环境保护工作落实不到位，生态破坏及环境污染问题不断凸显，对城市的发展有着非常不利的影响。特别是随着城市人口快速增长，城市工业废水与居民生活污水的排放量也逐渐增加。虽然这些废水大部分经过处理排放，但是由于部分废水处理技术和监管机制的问题，进入城市水域的污染物质数量超出水环境容量，导致城市水质下降，并逐渐恶化。

2013 年的中央城镇工作会议，针对中国城镇化过程中出现的城市病，尤其是城市水少、水脏的资源环境问题直接影响到城镇化建设质量和居民美好生活品质，首次提出"在

提升城市排水系统时要优先考虑把有限的雨水留下来，优先考虑利用自然力量排水，建设自然积存、自然渗透、自然净化的海绵城市"。之后，习近平总书记又在 2014 年考察京津冀协同发展座谈会、中央财经领导小组第 5 次会议、2016 年中央城市工作会议等场合，反复多次强调要建设海绵城市[30]。

2.3.2 "海绵城市"的社会认知与争论

2.3.2.1 "海绵城市"的建设热潮

2012 年 11 月，党中央做出"大力推进生态文明建设"的战略决策，从 10 个方面绘出生态文明建设的宏伟蓝图，全面深刻论述了生态文明建设的各方面内容，从而完整描绘了今后相当长一个时期我国生态文明建设的宏伟蓝图。2015 年 5 月 5 日，中共中央、国务院发布《关于加快推进生态文明建设的意见》；同年 10 月，随着十八届五中全会的召开，增强生态文明建设首度被写入国家五年规划。因此，如何策应生态文明建设，实现城市转型升级，成为各地发展当中迫切需要解决的问题。

2015 年 10 月，国务院办公厅推出《关于推进海绵城市建设的指导意见》（国办发〔2015〕75 号，以下简称"75 号文"），正好契合了地方需求[31]；各地都想争取成为试点城市，通过海绵城市的建设，解决城市建设中的水环境、水生态和水安全等问题，从而提高城市发展持续性、宜居性，提高新型城镇化质量，促进人与自然和谐发展。

2015 年 4 月，通过"国家首批海绵城市建设试点城市"竞争性评审答辩的形式，确定了首批 16 个试点城市；2016 年 4 月，再次确定第二批 14 个试点城市。这些试点城市的"海绵城市"建设项目规划总投资在 27 亿～210 亿元之间，大约为 1 亿～11 亿元/km²，平均投资为 3.2 亿元/km²，是一笔十分庞大的支出。中央财政对海绵城市建设试点给予专项资金补助，一定三年，直辖市每年 6 亿元，省会城市每年 5 亿元，其他城市每年 4 亿元。各地在发挥中央补助资金的撬动效应方面做文章，把海绵城市与棚改、城乡危改、旧城改造结合在一起，采取 PPP 模式吸引社会资本参与海绵城市建设，多渠道筹集资金，推动"海绵城市"建设项目的落地。据住建部统计，除了第一、第二批 30 个试点城市外，我国已经有超过 400 个城市出台了海绵城市建设实施规划方案。

以首批的池州市为例，按照规划，选取中心城区 18.5km² 的核心区域作为海绵城市建设示范区，2015—2017 年，共安排海绵城市试点项目 117 个，总投资 211.62 亿元，其中低影响开发投资 38.92 亿元[32]。最终，3 年试点期内，117 项海绵城市建设项目全部开工，项目完工率 90%，完成建设 145.4hm² 的绿色雨水设施，改造和新建 93.1km 排水管网，超过 7km² 的湿地受到有效的生态保护，总投资 52.38 亿元。

2.3.2.2 "城市内涝"触发的"海绵城市"质疑声

对于城市内涝，也许各地有"天下苦秦久矣"之感！对海绵城市的"治涝效果"寄予过高的希望，将海绵城市看成解决城市内涝的"神丹妙药"；各路媒体对海绵城市建设的宣传口径也大都聚焦在"告别雨季'看海'""根治城市内涝"，等等。因此，一旦城市再次出现内涝，公众便难以接受被淹的现实，质疑声四起。

2016 年入汛以后，我国南方地区连续出现十多次移动性强降水过程，几乎每一次强降水，都会引发部分城市的严重内涝，网络上"看海"段子不断；刚刚启动海绵城市建设的试点城市成为公众关注焦点。汛期刚过,《中国经济周刊》记者就统计发现,全国 30 个海绵城市试点中,有 19 个城市出现内涝[33],占比达到 63%。这个统计立即引起热心人士的关注,认为这些试点的海绵城市效果还不是十分理想,提出"建设海绵城市必须慎之又慎,不能一哄而上,更不能搞运动式建设"。甚至有网友直言:"海绵城市试点失败了。"

最近几年,每到汛期,随着某个城市内涝的发生,这种质疑声都会出现。2021 年 7 月下旬,河南多地遭遇特大暴雨,郑州市发生严重内涝。"郑州已经在 5 年前就被列为海绵城市建设试点城市;3 年前,提出投入 534.8 亿元建设海绵城市"的爆料,对"海绵城市"的质疑再次达到高潮,海绵城市"失灵",成为舆论攻击的目标。网友问:"2016 年郑州就成为河南海绵城市试点,为何内涝还如此严重? 花的钱会不会打'打水漂'了?"各种专业的、跨专业的、非专业的批评声不绝于耳,"海绵城市无用论"的观点广为流布。

2.3.2.3 有关"海绵城市"的主要争论

"海绵城市"的功能,是主要争论之一。第一类观点过于强调"海绵城市"绿色设施的作用。有专家认为真正的"海绵城市",是基于自然,给水更大的空间,让自然河道、湿地、绿地发挥作用;并认为"基于自然"是海绵城市的核心;而不是投入巨资建设孤独的灰色基础设施。这种"只绿不灰"的观点催生了将"快排模式"与"海绵城市"对立的观点,认为前者是改造自然、利用土地为主、改变原有生态,是一种粗放式建设;而后者是顺应自然、是人与土地和谐、保护原有生态,是低影响开发[34]。受此影响,就有了将"海绵城市"建设的功能定位在"打造城市垂直系统"的观点,需要强化"源头分散"和"慢排缓释",以确保城市真正在涝时能吸水,在旱时能吐水[35]。

当然,长期从事给排水的专家都知道绿色基础设施虽然建设运维费低,但占用空间大、用地多、效率低;而灰色基础设施用地少、效率高;单一靠绿色或灰色设施包打天下都难以为继,走"灰绿结合"的发展道路已成为必然选择。因此,不少专家更倾向于将"海绵城市"定义为蓝绿灰综合体,包括雨水控制等绿色基础设施、市政管网(调蓄池)等灰色措施和河湖水系等蓝色空间。这个观点,也被部分媒体所接受,也认为建设海绵城市不能仅仅理解为建透水路面、搞雨水利用以及植树种草,应该采取渗、滞、蓄、净、用、排等措施,既要让城市遇到强降雨"不看海",又要让雨水留得住、再利用,最大限度地减少城市开发建设对生态环境的影响。

"海绵城市"的治涝标准,是另一个争论较多的问题。有专家认为"75 号文"中的"小雨不积水、大雨不内涝",其应对的雨情是依据国家标准 GB/T 28592—2012《降雨量等级》(24h 降雨量 25.0~49.9mm,或者是 12h 降雨量 15.0~29.9mm),且与 GB 50014《室外排水设计规范》规定的排水管网设计标准也是相互协调的。海绵城市建设是解决经常性降雨发生的城市内涝问题,不能将"小雨不积水、大雨不内涝"泛化为应对"极端天气下的城市内涝"[30]。

也有专家认为"75 号文"中提出的"大雨"只是形象的说法,不等于严格的气象意义上的大雨;而应该理解为"海绵城市工程体系设计对应的降雨标准"。海绵城市解决的是工程体系设计标准内降雨引起的内涝问题,而不是"永不看海""千年不涝"。

2.3.3 "海绵城市"的定位与解读

2.3.3.1 国家主管部门的定位

2015 年 10 月 9 日，住房和城乡建设部在国新办举行的有关政策例行吹风会上介绍推进海绵城市建设情况时表示：

所谓海绵城市，就是充分发挥原始地形地貌对降雨的积存作用，充分发挥自然下垫面和生态本底对雨水的渗透作用，充分发挥植被、土壤、湿地等对水质的自然净化作用，使城市像"海绵"一样，对雨水具有吸收和释放功能，能够弹性地适应环境变化和应对自然灾害。在城市开发建设中，加强规划建设管控，通过源头减排、过程控制、系统治理，采取屋顶绿化、透水铺装、下凹式绿地、雨水收集利用设施等措施，使建筑与小区、道路与广场、公园和绿地、水系等具备对雨水的吸纳、蓄滞和缓释作用，有效控制雨水径流，使老百姓切实感受到"小雨不积水、大雨不内涝、水体不黑臭、热岛有缓解"的实效。国务院已经对推进海绵城市建设提出了 5 方面要求：

一是提出总体要求。通过海绵城市建设，将 70% 的降雨就地消纳和利用，到 2020 年，城市建成区 20% 以上的面积要达到海绵城市目标要求；到 2030 年，城市建成区 80% 以上的面积要达到目标要求。

二是加强规划引领。提出将雨水径流总量控制率作为城市规划刚性控制指标，建立区域雨水排放管理制度，并在规划许可等环节严格把关。

三是统筹有序建设。明确了通过工程措施和生态措施推进海绵城市建设的重点任务，要求在城市新区建设中全面推进，老城区结合棚户区和危房改造、老旧小区更新等，以解决城市内涝、雨水收集利用、黑臭水体治理为突破口，整体推进。

四是完善支持政策。创新建设运营机制，大力推动政府与社会资本合作。中央财政积极引导，地方政府也要加大支持力度。鼓励银行业金融机构加大信贷支持。将海绵城市建设项目列入专项建设基金支持范围。支持企业发行债券等用于海绵城市建设。

五是抓好组织实施。明确了城市人民政府、各有关部门在海绵城市建设工作中的职责。

2015 年 10 月 16 日，国务院办公厅推出"75 号文"，正式明确：海绵城市是指通过加强城市规划建设管理，充分发挥建筑、道路和绿地、水系等生态系统对雨水的吸纳、蓄渗和缓释作用，有效控制雨水径流，实现自然积存、自然渗透、自然净化的城市发展方式。并且明确，发布文件的目的是加快推进海绵城市建设，修复城市水生态、涵养水资源，增强城市防涝能力，扩大公共产品有效投资，提高新型城镇化质量，促进人与自然和谐发展。

2022 年 4 月 18 日，住房和城乡建设部办公厅印发了《关于进一步明确海绵城市建设工作有关要求的通知》（建办城〔2022〕17 号），对海绵城市规划编制、项目设计、建设运维和长效机制等方面提出了清晰的要求。特别强调了海绵城市建设内涵——应通过综合措施，保护和利用城市自然山体、河湖湿地、耕地、林地、草地等生态空间，发挥建筑、道路、绿地、水系等对雨水的吸纳和缓释作用，提升城市蓄水、渗水和涵养水的能力，实现水的自然积存、自然渗透、自然净化，促进形成生态、安全、可持续的城市水循环系统。

2.3.3.2 不同行业专家的解读

北京大学景观设计学研究院院长俞孔坚教授更加注重"自然积存、自然渗透、自然净化";认为海绵城市是一种基于自然的系统地解决城市以水为核心的生态问题,是基于自然的生态基础设施和绿色基础设施;是打造韧性城市的必须。今天的中国和世界城市都远远不能适应全球气候挑战,而建设"海绵城市"是应对气候挑战和建设生态文明的一种途径。并认为,管道不可能解决极端气候问题,应对极端气候问题只有辅助自然、利用自然、适应自然。"海绵城市"的出路即是"大脚革命",需要回到"基于自然、利用自然、适应自然"之根本。

中规院(北京)规划设计公司生态市政院院长王家卓认为,中国的海绵城市,是绿色优先,源头优先,蓝绿灰相结合,以解决城市内涝,改善城市水环境和水生态,促进城市水系统健康循环的城市雨水综合管理理念。并强调"75号文"中关于海绵城市建设的内容是包括雨水控制绿色措施,就是大家形象理解中的可以吸水、蓄水、释放水的"海绵",但是绝不仅仅是这些绿色措施,还包括管网、调蓄池等灰色措施和河湖水系等蓝色空间,可以说,也很清晰地表达出了中国的海绵城市是蓝绿灰相结合的综合治水理念。

中国水利水电科学研究院副总工程师程晓陶认为:"海绵城市"建设是以综合治理手段统筹解决中国城市水危机的必然方向;需要在流域、城市、社区等不同尺度上,针对具体城市气象水文、河湖水系及经济社会发展等特征,考虑不同等级降雨情况下对面源污染控制、雨水收集利用、雨污处置排放、内涝综合防治与城市防洪保护的不同需求,将灰色基础设施与绿色基础设施有机结合起来,并做好总体规划的优化布局与实施顺序的优化安排。并且指出我国当前的"海绵城市"建设,应重在如何削减暴雨径流峰值,而不是为实现径流总量控制的指标而消除常遇雨水形成的基流;在城市面积急剧扩张、排水治涝基础设施欠账太多的情况下,单纯强调加大外排能力或蓄水能力都不可取。

2.3.4 "海绵城市"建设中的"治涝功能"

由于我国的城市内涝防治系统历史欠账多,短板突出;加上近些年极端天气频发,不少城市遭受了严重内涝,不管是地方政府,还是人民群众,都渴望"城市看海"早日得到解决。海绵城市建设刚刚起步,内涝防治的政策、标准还处在不断完善当中,确实存在部分内涵不明确、标准不衔接的问题。只有仔细剖析《关于推进海绵城市建设的指导意见》(国办发〔2015〕75号),以及在它出台前后印发的《海绵城市建设技术指南——低影响开发雨水系统构建(试行)》(2014,以下简称《技术指南》)、《关于加强城市内涝防治的实施意见》(国办发〔2021〕11号,以下简称"11号文")等文件在"治涝"方面的政策设计与技术安排,才能进一步厘清相关内容,才能打消人们在"海绵城市"建设上的诸多疑问。

2.3.4.1 《海绵城市建设技术指南》的"治涝定位"

2014年,住建部印发的《技术指南》明确:海绵城市建设应统筹低影响开发雨水系统、城市雨水管渠系统及超标雨水径流排放系统;低影响开发指在城市开发建设过程中采用源头削减、中途转输、末端调蓄等多种手段,通过渗、滞、蓄、净、用、排等多种技术，实现城市良性水文循环，提高对径流雨水的渗透、调蓄、净化、利用和排放能力，维持或恢复城市的"海绵"功能。同时，还明确：城市雨水管渠系统即传统排水系统，应与低影响开发雨水系统共同组织径流雨水的收集、转输与排放。超标雨水径流排放系统，用来应对超过雨水管渠系统设计标准的雨水径流。

《技术指南》还明确：低影响开发雨水系统可以通过对雨水的渗透、储存、调节、转输与截污净化等功能，有效控制径流总量、径流峰值和径流污染；规划控制目标一般包括径流总量控制、径流峰值控制、径流污染控制、雨水资源化利用等。各地应结合水环境现状、水文地质条件等特点，合理选择其中一项或多项目标作为规划控制目标。同时，又指出：鉴于径流污染控制目标、雨水资源化利用目标大多可通过径流总量控制实现，各地低影响开发雨水系统构建可选择径流总量控制作为首要的规划控制目标。

《技术指南》进一步明确：借鉴发达国家实践经验，年径流总量控制率最佳为80%～85%。这一目标主要通过控制频率较高的中、小降雨事件来实现。以北京市为例，当年径流总量控制率为80%和85%时，对应的设计降雨量为27.3 mm和33.6 mm，分别对应约0.5年一遇和1年一遇的1 h降雨量。同时，还指出：受降雨频率与雨型、低影响开发设施建设与维护管理条件等因素的影响，低影响开发设施一般对中、小降雨事件的峰值削减效果较好，对特大暴雨事件，虽仍可起到一定的错峰、延峰作用，但其峰值削减幅度往往较低。因此，为保障城市安全，在低影响开发设施的建设区域，城市雨水管渠和泵站的设计重现期、径流系数等设计参数仍然应当按照GB 50014《室外排水设计规范》中的相关标准执行。

可见，从城市内涝防治系统建设的角度，以低影响开发雨水系统为核心的海绵城市建设，致力于能够完善雨水的渗透、储存、调节、转输与截污净化等功能的绿色基础设施；其低影响开发建设项目可以渗透到内涝防治系统的源头、中途和末端。也就是说，低影响开发雨水系统是城市内涝防治系统的重要组成，应与城市雨水管渠系统及超标雨水径流排放系统相衔接，共同达到内涝防治要求；而不替代城市内涝防治系统。而且，在治涝效果上，低影响开发设施一般对中、小降雨事件的峰值削减效果较好，有助于降低"逢雨即涝"的频次，但是，其重点不在于解决大暴雨条件下的"城市看海"问题。

2.3.4.2 《关于推进海绵城市建设的指导意见》的"治涝定位"

2015年出台的"75号文"当中，将"海绵城市"定义为"通过加强城市规划建设管理，充分发挥建筑、道路和绿地、水系等生态系统对雨水的吸纳、蓄渗和缓释作用，有效控制雨水径流，实现自然积存、自然渗透、自然净化的城市发展方式"。而且，加快推进"海绵城市建设"的目的是"修复城市水生态、涵养水资源，增强城市防涝能力，扩大公共产品有效投资，提高新型城镇化质量，促进人与自然和谐发展"；推进海绵城市建设的工作目标是"综合采取'渗、滞、蓄、净、用、排'等措施，最大限度地减少城市开发建设对生态环境的影响，将70%的降雨就地消纳和利用"。

结合《技术指南》来看，"75号文"旨在"充分发挥山水林田湖等原始地形地貌对降雨的积存作用，充分发挥植被、土壤等自然下垫面对雨水的渗透作用"，解决雨水的"自然积存、自然渗透"问题，而且相关的工程措施能够有效控制中、小降雨事件的雨水径流，从而达成消纳和利用70%的"年降雨量"的目标。

另外，住建部从查清城市存在"排水设施不健全、标准低（基本上是 1 年一遇的水平）"的问题；到 2014 年组织修订 GB 50014《室外排水设计规范》（2014 版），提高了城市排水管网的设计标准，由过去的 1 年一遇，提高到 3～5 年一遇，并补充了城市内涝防治要求；再到以"国办"的名义推出"75 号文"，旨在通过源头减排设施（微排水设施）与市政排水管网（小排水设施）灰绿结合的措施，无须大量更换管道就能实现 GB 50014《室外排水设计规范》（2014 年版）提标的要求，解决经常性降雨发生的城市内涝问题，从而达到"小雨不积水、大雨不内涝、水体不黑臭、热岛有缓解"的实施效果[30]。

2.3.4.3 《关于加强城市内涝防治的实施意见》的"治涝定位"

2021 年，针对"自然调蓄空间不足、排水设施建设滞后、应急管理能力不强"等问题，国务院办公厅印发"11 号文"，加快推进城市内涝防治。明确提出，坚持防御外洪与治理内涝并重、生态措施与工程措施并举，"高水高排、低水低排"，更多利用自然力量排水，整体提升城市内涝防治水平；通过河湖水系和生态空间治理与修复、管网和泵站建设与改造、排涝通道建设、雨水源头减排工程、防洪提升工程的实施，系统构建"源头减排、管网排放、蓄排并举、超标应急"的城市排水防涝工程体系。

并考虑新老城区的差异，就城市内涝防治设计重现期内的降雨应对，设置了不同水平年的工作目标：到 2025 年，老城区雨停后能够及时排干积水，低洼地区防洪排涝能力大幅提升，历史上严重影响生产生活秩序的易涝积水点全面消除，新城区不再出现"城市看海"现象；到 2035 年，各城市排水防涝工程体系进一步完善，排水防涝能力与建设海绵城市、韧性城市要求更加匹配，总体消除防治标准内降雨条件下的城市内涝现象。

"11 号文"还明确了遇到"超出城市内涝防治设计重现期的降雨"时的工作目标，到 2025 年，城市生命线工程等重要市政基础设施功能不丧失，基本保障城市安全运行。同时，还要求各地完善城市排水与内涝防范相关应急预案，明确预警等级内涵，落实各相关部门工作任务、响应程序和处置措施，提升应急管理水平。加强流域洪涝和自然灾害风险监测预警，按职责及时准确发布预警预报等动态信息，做好城区交通组织、疏导和应急疏散等工作。按需配备移动泵车等快速解决城市内涝的专用防汛设备和抢险物资，完善物资储备、安全管理制度及调用流程。加大城市防洪排涝知识宣传教育力度，提高公众防灾避险意识和自救互救能力。

可见，"11 号文"明确了"城市内涝防治系统"的建设范围，涵盖源头控制、中途传输和末端治理，包括了绿色基础设施等低影响开发措施，管网及排涝通道建设，以及排涝泵站的建设与改造；并将"城市内涝防治设计重现期"（20～100 年一遇），作为暴雨事件是否超标的统一准绳，而不是具体子系统（诸如"雨水管渠系统"）或某个工程（排涝泵站）的设计标准，从而倒逼各个子系统之间的配合。

2.3.4.4 《关于进一步明确海绵城市建设工作有关要求的通知》的治涝定位

2022 年，针对"海绵城市无用论"与"海绵城市万能论"的偏见，以及实践中存在的"泛海绵化"问题，住房和城乡建设部办公厅印发了"17 号文"。明确"海绵城市建设是缓解城市内涝的重要举措之一，能够有效应对内涝防治设计重现期以内的强降雨"；并要求各地的海绵城市建设应聚焦城市建成区范围内因雨水导致的问题，以缓解城市内涝为重点，统筹兼顾削减雨水径流污染，提高雨水收集和利用水平。

同时还强调，海绵城市建设要在全面掌握城市水系演变基础上，着眼于流域区域，全域分析城市生态本底，立足构建良好的山水城关系，为水留空间、留出路，实现城市水的自然循环；在摸清排水管网、河湖水系等现状基础上，针对城市特点合理确定，明确雨水滞蓄空间、径流通道和设施布局；落实场地竖向要求，确保雨水收水汇水连续顺畅。

2.3.4.5 "海绵城市"建设中的"治涝功能"

尽管"75号文"在"基本原则"中提出"统筹发挥自然生态功能和人工干预功能，实施源头减排、过程控制、系统治理，切实提高城市排水、防涝、防洪和防灾减灾能力"，并在"统筹有序建设"中提及"大力推进城市排水防涝设施的达标建设，加快改造和消除城市易涝点"、"结合雨水利用、排水防涝等要求，科学布局建设雨水调蓄设施"等要求；但是，根据政策的一贯性来理解：推进"海绵城市建设"的出发点还是在于通过落实低影响开发措施，助力城市内涝防治能力的提升，能够有效应对内涝防治设计重现期以内的强降雨，解决社会普遍关注的"逢雨必涝"问题。

低影响开发雨水系统包括绿色基础设施建设、蓝色水体空间的恢复与改造，涉及城市内涝防治系统的源头控制、中途运输和末端治理，是城市内涝防治系统完善的重要内容之一。但是，低影响开发措施对暴雨的径流调节作用有限，因此，《技术指南》强调，低影响开发设施对特大暴雨的峰值削减幅度往往较低；为保障城市安全，在低影响开发设施的建设区域，城市雨水管渠和泵站的设计重现期、径流系数等设计参数仍然应当按照 GB 50014《室外排水设计规范》中的相关标准执行；即不考虑低影响开发设施对大暴雨条件下径流系数的影响。因此，可以看出低影响开发设施不会、也不可能替代排水管网、人工调蓄池、排涝泵站等灰色基础设施的建设。所以，既不能拿"告别雨季'看海'""根治城市内涝"来衡量"海绵城市"的建设成效；也不能认为"基于自然的生态基础设施和绿色基础设施"能够替代传统的灰色排水设施。

当然，在推进"海绵城市"的过程当中，部分城市的规划或实施方案中加入"排水管网改造"、"排涝泵站扩容"、深隧排（蓄）水等灰色排水设施，不是"搭车建设"，也不是"挂羊头卖狗肉"；而是从全面构建城市内涝防治系统的角度增设的必要工程。但是，由于这些灰色设施不在常规的"低影响开发"范畴，引来争议，也是可以理解的。

2.4 "韧性城市"背景下的城市内涝防治工程体系建设

2.4.1 "韧性城市"的提出与发展

韧性，在不同领域具有不同内涵，相关的表述还有"弹性""恢复力"等。生态学认为，韧性指系统内部结构的持续性和系统承受外来因素干扰的能力[36]；亦是系统在受到干扰破坏后还能保持功能并实现自我修复的能力[37]。物理学认为，韧性是物体受外力作用而产生的形变，经过一段时间可恢复到原来状态的一种特性。在城市领域，韧性指城市系统遭遇危险时，通过抵抗、吸收、适应并及时从危险中恢复过来，使其所受影响减小的能力[38]。

城市化和工业化在为人类带来福祉的同时，也衍生出各种问题，进而制约了城市基础设施、社会、经济和环境的可持续发展[39]。全球经济发展和社会变化的挑战，气候、地质灾害以及生态恶化导致城市突发事件的增多，城市发展不确定性的突出，成为世界普遍问题；通过规划引领城市向良性方向发展，是韧性城市兴起的主要背景[40]。

2002年，倡导地区可持续发展国际理事会（ICLEI）在联合国可持续发展全球峰会上提出韧性城市的概念，并对韧性城市的内涵进行过系统的阐释；他们认为韧性城市的核心内涵是：在漫长过程中形成面对外来干扰能迅速恢复，承受自身内在变化后能保持相对稳定的城市。之后，又有专家将韧性城市的内涵归结为两个方面：一方面，城市系统要调整自己并具备抵御外来打击的能力；另一方面，城市系统要拥有将机遇转化为优势的能力[41]。

2012年，联合国减灾署启动亚洲城市应对气候变化韧性网络；2013年，洛克菲洛基金会启动"全球100韧性城市"项目；2016年，第三届联合国住房与可持续城市发展大会（人居Ⅲ）倡导将"城市的生态与韧性"作为新城市议程的核心内容之一。

在国内，北京市于2017年提出"加强城市防灾减灾能力，提高城市韧性"；2018年，上海市亦提出"增加城市应对灾害的能力和韧性"；同年，中国灾害防御协会城乡韧性与防灾减灾专业委员会成立，同步推出了以"推动抗震韧性城乡建设、提高自然灾害防治能力"为主题的《韧性城乡科学计划北京宣言（草案）》；2019年，北京市提出，要推进"地震安全韧性城市"建设；2020年，十九届五中全会首次正式提出了"韧性城市"建设的命题，并随即列入"十四五"规划和二〇三五年远景目标。

目前，随着应用领域的不断拓展和理论方法的逐渐完善，城市韧性已成为全球环境变化和城市可持续性科学领域一种新的研究视角和分析工具[42]，学者们主要从城市适应性治理[43]、气候变化与城市韧性[44]、自然资源可持续管理[45]、防灾减灾与城市韧性[46]等方面进行梳理，为城市韧性的深入研究奠定了基础。

而当前国内研究尚处于起步阶段，城市规划2017年会曾经设置专题论坛，就韧性的概念、韧性城市的建设、当前韧性城市建设情况和基本策略进行过讨论；对美国、日本、荷兰等国家韧性城市的建设经验进行总结[47]。

2.4.2 "韧性城市"与洪涝安全

2001年，Nienhuis等认为，允许对生态系统有关键性调节作用的周期性洪水进入，可重新连通河道和洪泛区，对城市河流和城市整体生态系统的协调有积极影响[48]。2003年，Vis等对比荷兰原有的通过提高堤防抵抗洪水的策略，提出"洪水滞留""绿色河道"的韧性方案具有更长远的利益[49]。随后，Schielen在一次国际会议上提出"适应也是洪水管理的一种方式"，并认为，城市管理模式也应当从"安全抵御洪水"向"在洪水中安全"转变[50]。

21世纪以来，在全球气候变化和迅猛城市化的共同作用之下，江河洪水与城市内涝问题交织。为了更好地应对频发的洪水和内涝灾害，相关行业与专家学者亦调整了应对洪涝灾害的思路。2014年，住房和城乡建设部颁布《海绵城市建设技术指南》之后，兴起了研究和建设海绵城市的热潮；与海绵城市相关的韧性城市概念也越来越受关注[51]。2015年，廖桂贤等提出"韧性承洪"的理念，通过设置自然的洪泛区功能，建立城市承洪韧性[52]；俞孔坚等在浙江永宁江、上海后滩公园和哈尔滨群力湿地等项目设计中，以水系统韧性为引导，开展了河岸软化、恢复河漫滩和湿地转为雨洪公园等实验，取得了较好的生态和社会反馈[53]。

目前，国内学者对韧性城市的洪涝安全观也发生了变化。康征等认为，韧性城市更加强调社会如何去适应洪涝灾害；工程手段的目的应该是为了使得洪涝灾害处于一种可控可预测的状态中；洪涝灾害预警信息可以及时引导市民做出规避灾害的行为[54]。汤钟等认为，城市雨洪韧性系统以韧性城市理论为基础，指城市能够避免、缓解及应对城市雨洪灾害，不受大的影响或者能够迅速从灾害中恢复，对公共和经济的影响降至最低的能力；属于韧性城市中的重要环节，是应对城市雨洪灾害的一种有效途径[55]。

2.4.3　城市内涝防治系统的"韧性"内涵

城市内涝防治是一项系统性工作，需要统筹发挥流域防洪体系、城市排水防涝工程体系与应急管理体系的防洪治涝功能。本小节基于城市内涝防治的特点和当前"城市韧性"的相关研究成果[56-59]，探讨城市内涝防治系统"韧性"的定义与建设内容。

1. 城市内涝防治系统的"韧性"定义

城市内涝防治系统的"韧性"，是指城市管理者能够综合运用内涝防治工程体系与相关的非工程措施，提升系统自身的组织、协调与适应能力，来抵御各种不确定性导致的城市内涝，避免治涝标准内的暴雨造成灾害，减轻超标准暴雨造成的灾害损失；同时，能够合理调配资源，充分发挥治涝工程与自然环境的可塑性，从灾害中快速恢复过来，最大限度地减轻内涝灾害对区域社会、经济与生态系统的冲击。

2. 城市内涝防治系统"韧性"的建设内容

城市内涝防治系统的"韧性"建设，是提升城市防涝能力的有效途径，是韧性城市建设的重要一环；应当具备工程韧性、生态环境韧性和社会经济韧性，具有更强的包容能力。

工程韧性建设，主要是提升工程体系的鲁棒性和冗余性。鲁棒性的提升，是指适当提高城市排水防涝工程体系与流域防洪体系当中的城市版块的设计标准，降低暴雨致灾频率；冗余性的提升，是指合理确定关键功能设施的安全系数，保留一定的备用空间，当灾害突发时可以及时投运，从而减缓超标准暴雨对系统的冲击。

生态环境韧性建设，主要是提升城市内涝风险区的适应性与可恢复性。一方面，通过城市总体规划与土地利用规划，根据内涝风险区的风险大小，选择适当的土地开发与利用方式，提升区域对内涝的适应能力；另一方面，综合考虑相关资源的空间配置格局，提升区域灾后快速恢复的能力，使之能够在较短的时间恢复到一定的功能水平。

社会经济韧性建设，主要是提升城市应急管理系统的智能性与城市社会经济总体布局的合理性。前者，需要通过加强城市应急管理系统建设，及时评估城市内涝的影响程度，优化停工停运、转移避险等应急措施的适用范围，提高内涝预警水平，提升应急方案的实施效率；后者，则需要通过完善城市总体布局，降低因极端暴雨诱发的城市生命线工程的功能下降带来区域经济动荡的风险。

2.4.4 城市内涝防治工程体系的建设内容

2.4.4.1 城市内涝防治工程体系的发展与革新

我国传统的城市内涝防治工程体系主要由城市水利排涝系统与市政排水系统组成，而且往往分属水利与城建两个部门负责建设与管理。21世纪以来，随着城市内涝灾害的加剧，水利、城建等部门加强了理念融合与技术协作。最近十多年，国务院不断出台城市内涝防治政策；相关部门不断出台或修订相关工程建设标准，推动城市内涝防治的系统化；各地普遍开展了城市排水防涝相关规划的编制与实施，城市内涝防治工程体系正在逐步完善。

2010年，住房和城乡建设部开展了城市内涝调查，市政排水管网的标准大多为1年一遇，标准偏低，而且与水利排涝设施的竖向衔接也考虑得不充分，系统的治涝效果很差，是"逢雨必涝"的主要原因。2013年，国务院发出了《关于做好城市排水防涝设施建设工作的通知》，推动城市内涝防治工作。

2014年，住房和城乡建设部组织修订了GB 50014—2006《室外排水设计规范》，将大部分市政排水管网的标准提高到3~5年一遇，各地都感受到城市建成区排水管网改造难的压力；2015年，住房和城乡建设部推进"海绵城市"建设，颁布《技术指南》，加强源头绿色基础设施建设，提升其减排能力，降低中途雨洪输送的压力，为城区市政排水管网的改造争取时间。

2016年，水利部门出台了SL 723—2016《治涝标准》，旨在加强水利排涝系统与市政排水系统的衔接，并且可以根据实际需求灵活设置水利排涝标准。

2017年，住房和城乡建设部出台GB 51222—2017《城镇内涝防治技术规范》，进一步提升城市内涝防治设计重现期，并出台GB 50318—2017《城市排水工程规划规范》、GB 51174—2017《城镇雨水调蓄工程技术规范》等相应规范。但是，由于暴雨期间的源头减排效果不明显；常规的市政排水设施明显不能满足城市内涝防治设计重现期内的雨洪输送任务；一旦遇到暴雨天气，中途雨洪输送"卡脖子"现象频出，要么在源头超量蓄积，地势低洼处形成"城市看海"；要么自行寻找"行洪通道"，街道行洪、河渠漫溢，形成"城市看江"。

2021年，国务院再度针对"自然调蓄空间不足、排水设施建设滞后、应急管理能力不强"等问题，推出《国务院办公厅关于加强城市内涝防治的实施意见》（国办发〔2021〕11号），加快推进城市内涝防治。明确提出，通过河湖水系和生态空间治理与修复、管网和泵站建设与改造、排涝通道建设、雨水源头减排工程、防洪提升工程的实施，系统构建"源头减排、管网排放、蓄排并举、超标应急"的城市排水防涝工程体系。住建部再次修改GB 50014—2006《室外排水设计规范》，发布了2021版标准。

但是，由于城市内涝防治工作的复杂性和艰巨性，目前的城市内涝防治工程建设当中仍然存在系统性不足的问题。基于城市雨洪模拟的系统协调分析不足，大多数仍然在按照各自的设计标准修建或改造单个工程，超出市政管网与水利排涝标准的径流蓄积与排放系统的建设主体不明、建设标准不清、建设力度不大；城市内涝防治系统的建设水平大多处在"未达标"水平，与城市内涝防治设计重现期还有较大差距，欠账较多，仍然需要久久为功。

2.4.4.2 "韧性城市"背景下城市内涝防治工程体系

目前，相关行业在城市内涝防治工程体系构建方面基本达成共识，即：应当建设涵盖源头控制、中途传输与末端治理的蓝、绿、灰色设施相结合的，具有与城市规模相适应的综合防涝工程体系。各地的城市内涝防治也基本上是围绕着上述 3 个环节展开的。

但是，实践当中，不少城市存在对海绵城市建设认识不到位、理解有偏差，过于注重"可渗透地面面积比例""雨水年径流总量控制率"等指标，偏重"渗、净、用"措施的落实；聚焦"缓解城市内涝"不够，针对"蓄、滞、排"的统筹规划不足，雨水滞蓄空间、径流通道和排水设施布局不协调，城市蓄涝体系不健全，雨水收集、传输与外排的衔接不顺畅，导致海绵城市建设的治涝成效不显著。

现阶段的城市内涝，主要还是因为城市内涝防治工程体系不完善而造成的，城市源头减排与调蓄能力有限，常规市政排水设施中途雨洪转输能力不足，末端水利排涝系统能力有待提升等问题依然不同程度的存在，根本原因还是源头、中途与末端 3 环节之间的净雨调蓄与排放规模协调路径不清晰。另外，由于城市建成区可供挖掘的"蓄、滞、排"涝空间十分有限；达标建设尚且不易，超标准暴雨形成的地表径流的临时蓄积与应急排放，基本上无暇顾及；针对超标暴雨的应急工程体系缺失，城市内涝防治系统"韧性"不足。

因此，综合现行行业政策与技术规范，当前的城市内涝防治工程体系应当包括两部分：一是与城市内涝防治设计重现期相对应的城市内涝防治达标工程体系（以下简称"达标工程体系"）；二是针对超标准暴雨构建的"平战结合"的城市内涝应急工程体系（以下简称"应急工程体系"），详情如图 2.3 所示。不论是达标工程体系，还是应急工程体系，都包括源头、中途与末端工程子系统，各个子系统又由承担不同功能的蓝、绿、灰色设施组成，共同完成净雨的蓄积、转运与排放。

首先，遇到城市内涝防治设计重现期内的雨洪，要切实做到源头"蓄得住"、中途"送得出"、末端"排得掉"。就必须围绕"城市内涝达标治理"，明确达标工程体系中不同子系统的建设与运行管理主体、设计标准的计算方式，以及子系统之间的具体衔接要求；在此基础上，再合理配置子系统内部的具体治涝设施。

雨洪管控环节	城市内涝应急工程体系 （超标准内涝，长历时）		城市内涝防治达标工程体系 （20～100 年一遇，长历时）			
源头	源头应急管理		超过市政排水标准 源头调蓄			常规源头减排 （1 年一遇左右，长历时）
	非常规调蓄空间		蓝色设施	绿色基础设施		绿色基础设施
	小微水体	雨水花园	下沉式绿地	下沉式广场		屋顶花园、透水铺装等
中途	中途应急管理		超过常规市政排水标准			常规市政排水设施 （3～5 年一遇，短历时）
			沿程调蓄	行洪通道		
	应急行洪道	调蓄池	地表 行洪道	浅层地下 行洪道	深层隧道	排水管渠
末端	末端应急管理		水利排涝设施 （≥10 年一遇，长历时）			
	非常规 蓄涝区	应急排涝	骨干河湖调蓄			外排设施（泵站、水闸）

图 2.3 "韧性城市"背景下城市内涝防治工程体系示意

其次，遇到超过城市内涝防治设计重现期的雨洪，要着力构建"城市内涝应急工程体系"，为水留空间、留出路；在源头，着手构建"非常规调蓄空间"，在中途，着力加强"应急行洪通道"的规划与建设；在末端，亦要加强"非常规蓄涝区"的规划与建设，同时解决"应急排涝机组"的储备、调运与抢排事宜。

2.4.4.3 达标工程体系的建设与完善

根据国家发展改革委与住建部在 2021 年发布的《关于编制城市内涝防治系统化实施方案和城市内涝防治项目中央预算内投资计划的通知》精神，到 2025 年，各城市要基本形成"源头减排、管网排放、蓄排并举、超标应急"的城市排水防涝工程体系，排水防涝能力显著提升，内涝治理工作取得明显成效，有效应对城市内涝防治标准内的降雨。

"蓄、滞、排"是"缓解城市内涝"的重要措施，但各自功效不一。

"蓄"，是为了解决降雨时程分布不均导致"排放"需求加大的问题，可以通过合理调度"调蓄设施"，降低"设计排涝历时"内的"待排总量"，实现城市雨洪的"错峰"排放。

"滞"，可以"坦化"出口断面的洪水过程线，延缓峰现时间，降低洪峰流量，减轻城市雨洪峰值区的"蓄、排"压力。不能人为控制调蓄时机与调蓄量的蓄涝空间，只能起到"滞洪"的效果。

"排"，是效能最明显的城市内涝解决措施。市政排水系统的管网及其他"行洪通道"的"排放"能力，决定了源头产流能否顺利输送至末端；水利排涝系统的"外排"能力决定了排除雨洪的总用时。

因此，各地必须加强城市内涝防治的系统化，明确源头、中途及末端治涝工程体系的具体设施类别、设计规模、能力衔接、建设主体等内容。

一是城市建设部门要统筹源头减排设施建设，综合运用"蓄、滞、渗"等减排措施，尽可能降低降雨集中期的地表径流，减轻中途转输压力。

在建设绿色屋顶、增加林地、绿地、自然地面、透水性铺装等软性透水地面的基础上，挖掘建成区低洼地的蓄、滞潜力，恢复坑塘等小微水体、建设雨水花园等蓝色设施，结合城市微地形规划可以调蓄雨洪的下沉式绿地、广场等绿色基础设施。通过"渗"减小雨洪总量，通过"蓄、滞"降低雨洪峰值；并核算出暴雨集中期的源头减排总量。

二是城市建设部门加强排水、园林、道路等多专业融合设计，依据暴雨集中期雨洪输送需求（详情见 2.5.2 小节），拓宽"行洪通道"，补齐中途转输能力不足的短板。

在复核"常规市政排水设施"降雨集中期转输雨洪能力的基础上（受水利排涝系统竖向制约，高峰期的市政管网输送能力可能降低），参考历史自然水系脉络，因地制宜地恢复因历史原因封盖、填埋的天然排水沟、河道等，利用道路两侧的植草沟、旱溪等绿色基础设施，构建"地表行泄通道"，优先利用自然力量排水；同时，建设浅层地下管网、深层隧道等灰色行洪通道，改造或增设雨水泵站，提升雨洪中途转输能力，确保与城市内涝防治设计重现期相对应的暴雨集中期雨洪能够顺利送出。拓宽"行洪通道"确实有困难的，可以通过兴建调蓄池等灰色"沿程调蓄"设施，平衡雨洪的"排蓄关系"，保证城市内涝防治设计重现期内雨洪输送不出现"中途卡脖子"现象。

三是城市水务（水利）部门要扩大城市骨干河湖调蓄空间，复核水利排涝设施的建设标准，提升末端雨洪处置能力。

统筹考虑外洪内涝，防止客水进城。统一核算城市雨洪调蓄能力，合理评估暴雨集中期的城市骨干河湖水位对中途"行洪通道"输送能力的影响，科学设置"排蓄比"，优化达标工程体系的综合排涝效能；保证在设计排涝时间内，及时排出调蓄之外的剩余城市雨洪。

2.4.4.4　应急工程体系的建设

城市应急管理部门应当基于"超标应急"的指导思想，牵头组织相关部门评估不同等级超标暴雨导致的内涝范围，科学设置应急工程体系。在源头，挖掘可能用于紧急蓄涝的低洼地带与地下空间，并实施适当的"非常规调蓄空间"保护措施，在紧急情况下，可提供临时蓄水空间；在中途，排查、规划出绿地、林地、次要道路、低洼街区等可能用于应急行洪的通道，并实施相应的改造与保护措施，紧急情况下，可形成连续、流畅的应急行洪通道；在末端，进一步扩展排涝泵站周边的自然调蓄空间，按照有关标准和规划开展末端非常规蓄涝区和安全工程建设。同时，储备适当的移动排涝设施，增加区域应急外排能力。

城市应急管理部门还应当加强城市内涝监测与预警网络建设。在规划的应急工程点位，以及超标暴雨可能导致的内涝区域内，布设相应的城市内涝应急监测设施与预警网络；从而能够借助应急管理平台，适时开展各类非工程措施，将超标雨洪的"无序"漫溢转化为"损失可以承受、风险可以把控"的"有序"消纳，充分体现出城市在抵御暴雨灾害方面的"韧性"。

2.5　城市蓄涝体系的构成与优化思路

2.5.1　城市蓄涝体系的构成

城市蓄涝体系，应当包括两部分，一是由达标工程体系当中的源头调蓄设施、沿程调蓄设施、末端的城市骨干河湖和地表行洪通道组成的常规蓄涝体系；二是由应急工程体系中的源头非常规调蓄空间、末端的"非常规调蓄区"和中途的应急行洪通道组成的非常规蓄涝体系。源头的调蓄量与末端的调蓄量比例，通过中途的"行洪通道"来平衡。

由此可见，城市蓄涝体系是待排雨洪的临时存储载体；它的蓄涝状态，决定了城市是否产生内涝，或者内涝的程度。可以说，城市蓄涝体系决定了城市防涝的韧性。特别是由非常规调蓄空间、应急行洪通道组成的非常规蓄涝工程体系，是城市内涝应急工程体系的重要组成部分，亦是城市常规蓄涝系统的重要补充，是城市防涝韧性的重要来源之一。

因此，城市内涝防治工程体系规划时，一方面要充分挖掘绿地、下沉广场、湿地、河湖等常规蓄涝空间，合理配置蓝、绿、灰色系统的规模，共同达到城市治涝标准，满足城市内涝防治设计重现期的要求。另一方面，还需要构建非常规蓄涝体系，为超标准暴雨应对方案的制定提供坚实的物质基础。

2.5.2　城市蓄涝工程规划设计与运行调度的优化思路

包括源头减排措施在内的各类蓄涝工程在暴雨峰值区的功能到底是什么？源头、沿程与末端各自需要担负多少蓄涝任务？这些既决定了达标工程体系中的常规市政排水设施、行洪通道和末端排涝泵站等灰色设施的建设规模，也决定了应急工程体系的安排。

一场暴雨当中，各时段的雨强存在较大的差异；城市设计暴雨均构造出明显的降雨峰值期。城市水利排涝系统设计倾向于整个排涝区域长历时雨洪总量的调蓄与外排，暴雨重现期较高，一般为10～20年一遇。但是，因为市政排水分区的空间尺度较小，汇流时间较短，市政排水系统设计更倾向于分区内短历时雨洪峰值的排除，暴雨重现期偏低，一般区域为1～3年一遇，重要区域为5～7年一遇。

城市当中的某个排涝区域，常常有多个市政排水分区；其治涝体系由水利排涝系统和市政排水系统共同组成。因此，城市内涝程度不仅仅取决于一次暴雨过程产生的雨洪总量，还取决于它的峰值区暴雨强度。

众所周知，不能基于长跑运动员与短跑运动员的绝对速度来评价他们的运动能力；同样，对于排水、排涝系统来说，单纯基于重现期，或者根据各自重现期计算出来的设计流量进行市政排水与水利排涝的能力比较，并没有实质性的意义。而是要基于与城市内涝防治设计重现期相对应的设计暴雨汇流与排水排涝进程，依据雨洪峰值期的城市蓄涝工程"排蓄关系"的衔接程度，来评估两个系统的能力是否协调；即，要根据3个环节所承担的"蓄涝量"，以及中途转输、末端外排是否顺畅，来核定相关工程的设计规模是否合适。为了更加直观的展示蓄涝体系内各类调蓄设施之间的关系，以及系统正常运转对中途雨洪转输能力的需求，绘制城市暴雨的汇流与排涝进程示意图（图2.4～图2.7）。

2.5.2.1 设计暴雨情况

基于城市水利排涝系统的汇流与排涝进程（图2.4）计算排涝区域蓄涝总量，其中，$0～t_2$为设计暴雨历时，$0～t_3$为设计排涝历时，$t_0～t_1$为雨洪调蓄期；并且基于雨洪峰值区（$0_1～t_d$）的"排蓄平衡"（图2.5），设计各个环节的调蓄容量和中途转输流量。

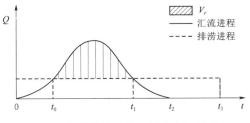

图2.4 水利排涝系统（标准内）示意图

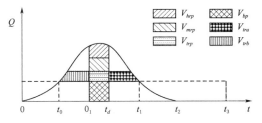

图2.5 市政排水系统（标准内）示意图

假定雨洪峰值区在0_1时出现，则

$$V_{bp} = qt_d \tag{2.1}$$

式中　V_{bp}——峰值区的外排量；

　　　q——区域外排流量；

　　　t_d——持续时间。

$$V_{rp} = V_{np} - V_{bp} = V_{hrp} + V_{mrp} + V_{trp} \tag{2.2}$$

式中　　　V_{rp}——峰值区所需的调蓄容量；

　　　　　V_{np}——雨洪峰值区的净雨量；

V_{hrp}、V_{mrp}、V_{trp}——峰值区所需的源头调蓄量、沿程调蓄量、末端调蓄量。

暴雨集中期中途雨洪传输所需要的标准流量，要保障峰值区所需的末端调蓄量 V_{trp} 与外排流量 V_{bp} 的通过，并且需要基于排水分区逐一核定：

$$q_d = \sum_{i=1}^{n} q_{di} = \sum_{i=1}^{n} \frac{k_i(V_{npi} - V_{hrpi} - V_{mrpi})}{3600t_i} \qquad (2.3)$$

式中　　q_d——暴雨集中期中途雨洪传输所需要的标准流量；

　　　　q_{di}——各排水分区相应的标准流量；

　　　　V_{npi}——各排水分区的峰值区净雨量；

V_{hrpi}、V_{mrpi}——各排水分区的峰值区源头调蓄量与中途调蓄量；

　　　　t_i——第 i 个排水分区设计汇流时间（一般等于常规市政排水设施的设计暴雨历时，短历时）；

　　　　k_i——调节系数，计算时长 t_i 越短，暴雨雨强变化越小，调节系数越小。

排涝区域的蓄涝总量由散布在源头、中途和末端的调蓄空间承担，待雨后排空。城市雨洪的中途转输能力，同样约束峰值区前后的末端调蓄量；在雨洪调蓄期（$t_0 \sim t_1$），不能送入末端调蓄区的超量雨洪，需要在源头或中途进行调蓄；二者的分配比例取决于源头调蓄能力。其中，末端调蓄空间的最大能力：

$$\max V_{tr} = V_{trb} + V_{trp} + V_{tra} \qquad (2.4)$$

式中　　V_{tr}——排涝区域所需的末端调蓄容量；

　　　　V_{trb}——峰值之前所需的末端调蓄量；

　　　　V_{tra}——峰值之后所需的末端调蓄量。

$$V_r = V_{hr} + V_{mr} + V_{tr} = q \cdot (t_3 - t_2) \qquad (2.5)$$

式中　　V_r——排涝区域的蓄涝总量；

V_{hr}、V_{mr}——排涝区域所需的源头调蓄量与沿程调蓄量；

　　　　V_n——设计暴雨的净雨量。

可见，水利排涝系统的规模，取决于设计暴雨的净雨量，与场次暴雨中的蒸发与下渗损失有关；需要在综合考虑"渗、净、用"等措施削减雨洪总量效果的基础上，综合考虑设计暴雨时程不均匀性对区域蓄涝的需求，合理安排排涝区域蓄涝总量与外排流量的比例。而"源头调蓄设施""沿程调蓄设施"的规划与设计，需要关注设计暴雨的峰值区，综合考虑中途雨洪输送能力、源头绿色基础设施的建设空间、"行洪通道"的拓展难度等因素，并与常规市政排水管网设计的较短历时设计暴雨相适应。

因此，水利部门要根据当地设计暴雨的时程不均匀程度，以及与市政排水系统的竖向约束，合理设置末端雨洪调蓄容积与设计蓄涝水位，在此基础上计算外排流量；住建部门要在合理估算源头调蓄容量的基础上，根据常规市政管网的排水能力，合理设置沿程调蓄容积与排泄通道，保障城市内涝防治设计重现期内超过常规市政排水标准的雨洪在中途转输环节能够得到落实。

2.5.2.2　超设计标准暴雨情况

遇到超标准暴雨，排涝区域达标工程体系中的常规蓄涝空间将提前到 t_0' 时刻起蓄，提前到 t_1' 时刻蓄满，实际排涝历时延长至 t_3'（图 2.6），超量的雨洪 V_e 需要通过设置非常规蓄涝空间、应急排涝设施来解决。

本书假定常规蓄涝空间在超标暴雨峰值之后蓄满（图2.7），则在超标暴雨集中期，常规源头调蓄空间、中途调蓄空间与中途转输能力均已达极限，但末端常规调蓄空间尚未用完，因此，可以拓展应急行洪通道，减轻源头应急调蓄的压力。

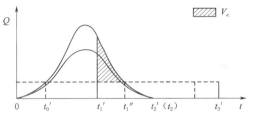

图2.6 水利排涝系统（超标准）示意图

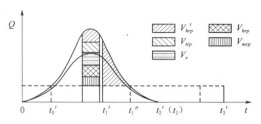

图2.7 市政排水系统（超标准）示意图

应急行洪通道所需要的过流能力，同样需要基于排水分区逐一核定：

$$q'_d = \sum_{i=1}^{n} q'_{di} = \sum_{i=1}^{n} \frac{k_i(V'_{npi} - V'_{hrpi} - V_{hrpi} - q_{di} \cdot t_i)}{3600 t_i} \qquad (2.6)$$

式中　q'_d——区域应急行洪通道所需要的总过流能力；

　　　q'_{di}——各排水分区应急行洪通道所需要的过流能力；

V'_{npi}、V'_{hrpi}——各排水分区超标暴雨峰值区的净雨量、应急源头调蓄量。

应急行洪通道的过流能力，同样约束峰值区前后的超量雨洪分配方式；在雨洪调蓄期（$t'_0 \sim t''_1$），不能送入末端的超量雨洪，需要通过在源头设置非常规调蓄空间（V'_{hr}）来解决；送入末端的超量雨洪（$V_e - V'_{hr}$），由非常调蓄区与应急排涝机组分担。

可见，在超标暴雨峰值区，城市雨洪对调蓄设施与中途转输能力都提出了更高要求。应急部门要牵头组织相关单位，综合考虑源头非常规蓄涝空间与应急行洪通道的设置潜力，确定源头与末端的非常规调蓄量，核定应急排涝机组的规模。水利部门负责非常规蓄涝区的规划与安全设施建设，以及应急机组的储备、调运与应急排涝。住建部门负责"源头非常规调蓄空间"与"应急行洪通道"的规划与改造。

综上所述，城市蓄涝设施散布在源头控制、中途转输、末端处置3个环节；源头、中途、末端的调蓄设施承担的任务各不相同，起蓄与蓄满的时间也不一致，但它们彼此影响，需要通过行洪通道等中途转输设施来协调。因此，城市蓄涝工程的规划设计与运行调度，需要在内涝防治工程体系的总体框架下，基于各个环节不同类型的蓄涝工程在长历时水利排涝进程与短历时暴雨峰值区的功能，及其之间的影响机制，统筹考虑城市雨洪调蓄空间与行洪通道的潜力，合理确定各自的建设规模。

2.6　小结

（1）自古以来，我国就非常重视城市规划与土地安排，谋划城市排水、除涝与防洪事宜。中华人民共和国成立以后，采取了城市排水工程和防洪排涝工程"二元"管理架构，水利部门主管水利排涝系统，住建部门负责市政排水系统；尽管各地亦在结合自己城市的特点，尝试不同的排水管理模式；但是分头建设与管理是我国大多数城市长期存在的问题。

（2）城市化水文效应的关键应对措施缺乏、城市排水排涝设施标准偏低、城市水体调蓄与排泄能力降低、城市竖向衔接不畅，是当前城市内涝防治系统存在的主要问题。不注重暴雨峰值区的源头减排效果与中途雨洪转输能力的复核，雨洪中途输送不畅，瓶颈效应明显；没有充分重视暴雨期间河湖水位变化对排水管网能力的影响规律研究，对水利排涝系统和市政排水系统间的能力协调路径缺乏针对性的研究。

（3）城市水管理理念的更新与城市内涝灾害的加剧，催生出"海绵城市"建设。尽管它的定位处在不断调整当中，但可以看出推进"海绵城市建设"的出发点还是在于通过低影响开发等综合措施的落实，助力城市内涝防治能力的提升，能够有效应对内涝防治设计重现期以内的强降雨，解决社会普遍关注的"逢雨必涝"问题。既不能拿"告别雨季'看海'""根治城市内涝"来衡量"海绵城市"的建设成效；也不能基于"自然的生态基础设施和绿色基础设施"而否定"灰色排水设施"。

（4）现阶段的城市内涝，主要还是因为达标工程体系不完善而造成的，城市源头减排与调蓄能力有限，常规市政排水设施中途雨洪转输能力不足，末端水利排涝系统能力有待提升等问题依然不同程度的存在，根本原因还是源头、中途与末端 3 环节之间的净雨调蓄与排放规模协调路径不清晰。另外，由于城市建成区可供挖掘的"蓄、滞、排"涝空间十分有限，基本无暇顾及超标准雨洪的临时蓄积与应急排放；针对超标暴雨的应急体系缺失，城市内涝防治系统"韧性"不足。

（5）城市蓄涝体系的"韧性"建设，是提升城市防涝能力的有效途径，是韧性城市建设的重要一环；特别是由非常规调蓄空间、应急行洪通道组成的非常规蓄涝工程体系，是城市防涝"韧性"的重要来源之一。在城市蓄涝体系单项工程建设中，不能仅仅根据某个重现期来确定其规模；而是需要检验系统的整体运转能力是否达到城市内涝防治设计重现期的标准。统筹考虑市政、水利两个系统在暴雨频率计算方法、设计暴雨历时、设计雨型时程分布等方面的差异，聚焦城市蓄涝体系中各个子系统之间的影响机制，寻求各个环节不同类型的治涝设施之间的协调路径，保障经过源头调蓄的雨洪顺畅通过中途转输环节，水利排涝系统的"排蓄关系"合理，最大限度地减轻子系统之间的相互制约。

下面，本书将以南昌市为对象，围绕以下 6 项内容开展研究：

1）城市暴雨雨型。随着计算机技术的发展，数值模型在城市内涝情景模拟方面得到广泛的应用，城市内涝数值模型对设计暴雨雨型的时间刻度提出了更高的要求，既要考虑流域排涝，又要兼顾市政管网与局地减排设施的设计标准差异的暴雨雨型成为实践当中的一个焦点和难点。

2）暴雨历时与蓄涝水面率的耦合效应。在城市内涝防治系统规划设计、能力复核时，要全面考虑下垫面径流系数、暴雨特性、蓄涝能力等因素的影响；特别是需要量化"暴雨历时""蓄涝水面率"这两个关键参数对设计指标的综合影响。因此，21 世纪以来，住建、水利两部门修订的规程规范中，多次强调"暴雨历时""蓄涝水面率"的选取，亦对上述 2 个关键参数的选取分别提供了原则性建议；但是，在城市排涝设计时，由于不能全面了解关键参数的耦合效应，依然面临"选择难"的问题。

3）城市蓄涝水面率的分区。尽管相关规范对蓄涝都有所规定，但是不同规范当中，

"蓄""滞"内涵不尽相同；随着城市内涝防治力度的加大，城市蓄涝设施类型更加丰富、调蓄深度差异加大，城市蓄涝率的概念需要与时俱进，城市蓄涝水面率的核定方法亦需要明确。此外，水面率等蓄涝参数的选择，又是如何影响城市内涝防治效果？不同蓄涝参数对短历时强降雨、长历时连续暴雨的适应能力又如何？这些问题困扰着很多易涝城市。

4）蓄涝区运行模式与灵活调度。水利排涝与市政排水之间的"竖向约束"明显，不少城市在暴雨期间的市政排水效果往往很差；在城市涉水事务没有完全实现统一管理的情况下，蓄涝区水位控制问题往往是水利、城市管理等当事方在运行实践中争论的焦点。当前统筹蓄涝区、排涝泵站与市政排水系统之间的竖向影响研究不足，缺乏概括蓄涝区运行方式的总结性成果。寻求蓄涝区常水位及排涝进程中动态水位的控制原则，平衡好城市河湖生态景观、市政排水与水利排涝之间的矛盾，是城市排涝实践中急需解决的一个技术基础问题。

5）城市内涝防治系统联合调度。从当前各地的汛期实践来看，城市内涝防治效果依然不尽如人意：一方面，城市内涝防治系统的工程建设欠账依旧存在，市政排水与城市排涝能力不足；另一方面，由于对城市雨洪过程的认识还不够，缺少对市政排水与城市排涝设施运行的针对性调度，系统能力得不到充分发挥。"逢雨必污"与"城市看海"矛盾交织，在保障城市除涝效果的同时，兼顾市政排水（污）系统和污水处理系统的运行，削减进入河湖的混合污水量是我国城市面临的普遍难题。

6）城市应急除涝系统的建设与运行。作为应对超标准暴雨的城市内涝应急系统建设不够系统。大多数城市没有开展应急源头调蓄（非常规调蓄空间）、应急行洪通道的规划与有序管控方面的研究，在应急蓄涝区规划方面考虑不够，应急排涝机组储备投入不足，受淹情景下的应急管理比较薄弱。

参 考 文 献

［1］杜鹏飞，钱易. 中国古代的城市排水［J］. 自然科学史研究，1999，18（2）：136-146.

［2］杭州国土资源局. 从"以利为本"到"以人为本"——记杭州城市土地开发之"丁桥模式"［J］. 中国土地，2008（12）：54-57.

［3］谢华，黄介生. 城市化地区市政排水与区域排涝关系研究［J］. 灌溉排水学报，2007，26（5）：10-13.

［4］贾绍凤. 我国城市雨洪管理近期应以防涝达标为重点［J］. 水资源保护，2017，33（2）：13-15.

［5］谢映霞. 从城市内涝灾害频发看排水规划的发展趋势［J］. 城市规划，2013，37（2）：45-50.

［6］高学珑. 城市排涝标准与排水标准衔接的探讨［J］. 给水排水，2014，50（6）：18-20.

［7］张翔，廖辰旸，韦芳良，等. 城市水系统关联模型研究［J］. 水资源保护，2021，37（1）：14-19.

［8］姜仁贵，解建仓. 城市内涝的集合应对体系［J］. 水资源保护，2017，33（1）：1-7.

［9］李珂. 济南市城市排水管理体制研究［D］. 济南：山东大学，2016.

［10］张建云，宋晓猛，王国庆，等. 变化环境下城市水文学的发展与挑战：Ⅰ. 城市水文效应［J］. 水科学进展，2014，25（4）：594-605.

［11］FLETCHER T D, ANDRIEU H, HAMEL P. Understanding, management and modeling of urban hydrology and its consequences for receiving waters：A state of the art ［J］. Advances in Water Resources，2013，51：261 - 279.

[12] 张建云. 城市化与城市水文学面临的问题 [J]. 水利水运工程学报，2012 (1)：1 - 4.

[13] 贺宝根，陈春根，周乃晟. 城市化地区径流系数及其应用 [J]. 上海环境科学，2003，22 (7)：
472 - 475.

[14] 吴庆洲. 中国古代的城市水系 [J]. 华中建筑，1991 (2)：55 - 61.

[15] 林芷欣，许有鹏，代晓颖，等. 城市化进程对长江下游平原河网水系格局演变的影响 [J]. 长江
流域资源与环境，2019，28 (11)：2612 - 2620.

[16] 蒋祺，郑伯红. 城市用地扩展对长沙市水系变化的影响 [J]. 自然资源学报，2019，34 (7)：
1429 - 1439.

[17] HALLEGATTE S，GREEN C，NICHOLLS R J，et al. Future flood losses in major coastal cities
[J]. Nature Climate Change，2013，3 (9)：802 - 806.

[18] AYENI A O，CHO M A，MATHIEU R，ADEGOKE J O，et al. The local experts' perception of
environmental change and its impacts on surface water in Southwestern Nigeria [J]. Environmental
Development，2016，17：33 - 47.

[19] BROWN S，VERSACE V L，LAURENSON L，et al. Assessment of spatiotemporal varying rela-
tionships between rainfall, land cover and surface water area using geographically weighted regres-
sion [J]. Environmental Modeling & Assessment，2012，17 (3)：241 - 254.

[20] 孔锋. 透视变化环境下的中国城市暴雨内涝灾害：形势、原因与政策建议 [J]. 水利水电技术，
2019，50 (10)：42 - 52.

[21] 万鹏，丁文静，邱永涵. 竖向、水系及市政管线规划系统化编制模式探索 [J]. 中国给水排水，
2020，36 (24)：17 - 21.

[22] 王家卓. 科学谋划，加大投入，系统推进城市内涝防治 [J]. 中国经贸导刊，2021 (12)：
63 - 66.

[23] 李春梅. 顶层思维助推海绵城市水资源一体化综合管理 [J]. 中国勘察设计，2015 (12)：
50 - 53.

[24] 何常清. 基于低影响开发的雨洪管理模式思考 [J]. 江苏城市规划，2014 (8)：42 - 43.

[25] 徐振强. 我国海绵城市试点示范申报策略研究与能力建设建议 [J]. 建设科技，2015 (3)：
58 - 63.

[26] 张善峰，宋绍杭，王剑云. 低影响开发——城市雨水问题解决的景观学方法 [J]. 华中建筑，
2012，30 (5)：83 - 88.

[27] 凌子健，翟国方，何仲禹. 海绵城市理论与实践综述 [A]. 中国城市规划学会、贵阳市人民政
府. 新常态：传承与变革——2015 中国城市规划年会论文集（01 城市安全与防灾规划）[C]. 中
国城市规划学会、贵阳市人民政府：中国城市规划学会，2015：10.

[28] 谢映霞. 海绵城市：让城市回归自然 [N]. 光明日报，2015 - 11 - 06 (011).

[29] 钱敏. 海绵城市让我们不再"城市看海" [J]. 人民周刊，2015 (12)：82 - 83.

[30] 章林伟. 中国海绵城市的定位、概念与策略——回顾与解读国办发〔2015〕75 号文件 [J]. 给水
排水，2021，57 (10)：1 - 8.

[31] 吴为. 海绵城市是城市建设的理念和方向 [N]. 中国经济导报，2015 - 12 - 26 (B02).

[32] 潘世鹏，汪秀祥. 只为城区不"看海"——池州市人大常委会助推"海绵城市"建设 [J]. 江淮
法治，2015 (19)：20.

[33] 佚名. 30 个试点 19 个内涝海绵城市试点引发关注 [J]. 中国经济周刊，2016 (37)：12.

[34] 王平生. 合理定位，科学有效地推进海绵城市建设 [N]. 中国经济导报，2015 - 12 - 26 (B02).

[35] 倪明胜. "海绵城市"建设能否根治逢雨必涝怪相 [N]. 光明日报，2015 - 10 - 19 (2).

[36] HOLLING C. Resilience and stability of ecological systems [J]. Annual review of ecology and sys-

tematics, 1973 (4): 1 - 23.

[37] GUNDERSON L H, HOLLING C S. Panarchy: understanding transformations in human and natural systems [J]. Biological Conservation, 2004, 114 (2): 308 - 309.

[38] UNISDR-International Strategy for Disaster Reduction. Making Cities Resilient: My City is Getting Ready [M]. Honiara: World Disaster Reduction Campaign, 2010.

[39] 吕永龙, 曹祥会, 王尘辰. 实现城市可持续发展的系统转型 [J]. 生态学报, 2019, 39 (4): 1125 - 1134.

[40] 陈利, 朱喜钢, 孙洁. 韧性城市的基本理念、作用机制及规划愿景 [J]. 现代城市研究, 2017 (09): 18 - 24.

[41] BERKES F, COLDING J, CARL F. Navigating Social-Ecological Systems: Building Resilience for Complexity and Change [M]. Cambridge: Cambridge University Press, 2003: 416.

[42] 李鹤, 张平宇. 全球变化背景下脆弱性研究进展与应用展望 [J]. 地理科学进展, 2011, 30 (7): 920 - 929.

[43] NAOMI A. Adaptive governance for resilience in the wake of the 2011 Great East Japan Earthquake and Tsunami [J]. Habitat International, 2016, 52 (3): 20 - 25.

[44] MEHDI B, SEYED H D, MINA P, et al. City-integrated renewable energy design for low-carbon and climate-resilient communities [J]. Applied Energy, 2019, 239 (4): 1212 - 1225.

[45] BERTRAM O. Overview: Spatial information and indicators for sustainable management of natural resources [J]. Eco logical Indicators, 2011, 11 (1): 97 - 102.

[46] DANIELA P G, MAURICIO M, ROBERTO M, et al. Risk and resilience monitor: Development of multiscale and multilevel indicators for disaster risk management for the communes and urban areas of Chile [J]. Applied Geography, 2018, 94 (5): 262 - 271.

[47] WANG Z, DENG X Z, WONG C L, et al. Learning urban resilience from a social-economic-ecological system perspective: A case study of Beijing from 1978 to 2015 [J]. Journal of Cleaner Production, 2018, 183 (5): 343 - 357.

[48] NIENHUIS P H, LEUVEN R S E W. River Restoration and Flood Protection: Controversy or Synergism? [J]. Hydrobiologia, 2001 (444): 85 - 89.

[49] VIS M, KLIJN F, DE BRUIJN K M, et al. Resilience Strategies for Flood Risk Management in the Netherlands [J]. International Journal of River Basin Management, 2003 (1): 33 - 40.

[50] SCHIELEN R M J, ROOVERS G. Adaptation as a Way for Flood Management [C] // Proceedings of the 4th International Symposium on Flood Defence: Managing Flood Risk, Reliability and Vulnerability, 2008.

[51] 陈竞姝. 韧性城市理论下河流蓝绿空间融合策略研究 [J]. 规划师, 2020, 36 (14): 5 - 10.

[52] 廖桂贤, 林贺佳, 汪洋. 城市韧性承洪理论——另一种规划实践的基础 [J]. 国际城市规划, 2015 (2): 36 - 47.

[53] 俞孔坚, 许涛, 李迪华, 等. 城市水系统弹性研究进展 [J]. 城市规划学刊, 2015 (1): 81 - 89.

[54] 康征, 王鹏, 杨增爱. 韧性城市视角下的城市防洪排涝协同规划策略——以西部某县城中心片区为例 [A]. 中国城市规划学会、杭州市人民政府. 共享与品质——2018 中国城市规划年会论文集 (01 城市安全与防灾规划) [C]. 中国城市规划学会、杭州市人民政府: 中国城市规划学会, 2018: 9.

[55] 汤钟, 张亮, 俞露, 等. 韧性城市理念下的区域雨洪控制系统构建探索及实践 [J]. 净水技术, 2020, 39 (1): 136 - 143.

[56] 赵瑞东, 方创琳, 刘海猛. 城市韧性研究进展与展望 [J]. 地理科学进展, 2020, 39 (10): 1717 - 1731.

［57］ Ahern J. From fail-safe to safe-to-fail：Sustainability and resilience in the new urban world ［J］. Landscape and Urban Planning，2011，100 （4）：341 – 343.

［58］ 邵亦文，徐江. 城市韧性：基于国际文献综述的概念解析 ［J］. 国际城市规划，2015，30 （2）：48 – 54.

［59］ 徐耀阳，李刚，崔胜辉，等. 韧性科学的回顾与展望：从生态理论到城市实践 ［J］. 生态学报，2018，38 （15）：5297 – 5304.

3 研究区域概况

3.1 地理位置

南昌市地处江西省中北部，赣江抚河下游，东接余干、东乡；西与高安、奉新、靖安毗邻；南与丰城、临川相连，北临鄱阳湖。位于东经 115°27′～116°35′，北纬 28°09′～29°11′，南北长约 112.2km，东西宽约 107.5km，共有土地面积 7402km²，其中市区 637km²，所属四县共 6765km²，是江西省省会和内陆开放城市，全省政治、经济、文化、科技、信息中心。

3.2 经济与社会概况

南昌市既是国家重要综合交通枢纽，也是重要制造业基地，为长三角、珠三角及闽东南经济地区之腹地，省外大型产业及总部转移对接的基地，鄱阳湖生态经济区核心城市。南昌市下辖东湖区、西湖区、青云谱区、湾里区、青山湖区、新建区、红谷滩新区、高新技术开发区、昌北经济开发区和南昌县、安义县、进贤县。2020 年年底，市域总人口585.5 万人，中心城区人口 350 万人，建成区面积 393km²。

2020 年，地区生产总值较上一年度增长 3.6%；财政总收入 1008.8 亿元，增长 1%；地方一般公共预算收入 483.9 亿元，增长 1.4%；规模以上工业增加值增长 4.7%；固定资产投资增长 8.8%；实际利用内资 2576.5 亿元，增长 22.4%；利用外资实际到位资金66.45 亿美元，增长 16.3%；社会消费品零售总额增长 3%；海关出口增长 10.3%；城镇和农村居民年人均可支配收入分别增长 6%、7.3%；工业发展逆势而上，规模以上工业营业收入 7346.9 亿元，增长 5.5%；利润总额 444.9 亿元，增长 26.3%。

3.3 地形、地貌及地质

南昌市位于赣江尾闾区，北滨鄱阳湖，全市以平原为主，东南平坦，西北丘陵起伏，平原面积占 35.8%，水域面积占 29.8%，岗地、低丘面积占 34.4%，全市平均海拔 25m

（黄海高程，下同）。地势总体西北高、东南低，依次发育低山丘陵、岗地、平原，呈现层状地貌特征。以赣江为界，赣江西北部构造为剥蚀低山丘陵、岗地，赣江以东为河流侵蚀堆积平原，河湖港汊分布，辫状水系发育。

昌南城区地形平坦，地势低洼，西南稍高，高程约为 24.00～28.00m，东北偏低，为 20.00m 左右。昌北城区地势呈西北高东南低的特点，多为低山浅丘；西部有西山，是九岭山脉余脉，主峰高 841m；西北有梅岭，属西山山脉，高程 140～170m；东南部多为合流台阶地，地势平坦，河流港汊交错，地面高程一般约为 17～22m。

岩体仅出露于赣江西部，有前震旦系变质岩；晋宁期、燕山期花岗岩、辉长岩脉；中、新代碎屑沉积岩类零星出露，掩伏于赣江以东的第四系堆积层之下。

松散高压缩杂填土层在老城区分布最广，由生活、建筑、工业废渣及黏土碎石等物质成份组成。主要堆积在原始地势低洼的池塘洼地和暗浜、赣江沿岸等地带，厚度随原始地形高低变化较大分布极不均匀。松散中压缩的人工冲填土仅分布在赣江西岸的红谷滩新城区，为 2000 年以后因开发红谷滩填高场地而冲填，物质成分为粉细砂、中细砂，单一。厚度大于 5.0m，局部暗浜沟部位可达 9.0m。

淤泥质黏土，淤泥质粉质黏土（青山湖、艾溪湖滨部位为淤泥或泥炭），厚度和埋深各地不一，变化也较大。一般性黏土广泛分布于赣江、抚河沿岸及山间谷地。

下卧黏性土、粉细砂层、中粗砂、砾砂、卵砾石层，层位、厚度变化较大，分布的连续性、稳定性区域差异较大。

3.4 气象、水文与水资源

3.4.1 气象

南昌市属亚热带湿润季风气候，温暖湿润；夏冬季长，春秋季短，夏季酷热，冬季寒冷，温差较大，多年平均气温 17.8℃，最低气温零下 9.9℃，最高气温 43.2℃。全年平均无霜期 277 天，降雪较少。多年平均降雪日 6.9 天，最大积雪厚度 160mm，多年平均结冰日 21 天；多年平均湿度为 78.5%；多年平均年蒸发量为 1272mm。

城市常年主导风向是北风（发生频率 22.5%）和北东风（发生频率 20.1%），多发生于冬季，平均风速 4.6～5.4m/s；夏季七八月份，多西南风；偶有台风侵袭；历史最大风力 11 级。

南昌市多年平均降雨量 1611.8 mm，平均降水日数为 143.9 天，平均暴雨日 5.7 天；年降水量最大值为 2344.2mm，出现在 1998 年；年最多暴雨日数出现在 1999 年及 1962 年，为 13 天。降水量年内分布不均，上半年降水较多，下半年降水少，6 月降水最多，其次为 5 月、4 月。月降水量最大值为 734.7mm，出现在 1973 年 6 月。年极端日降水量差异较大（图 3.1）；日最大降水量为 289mm，出现在 1973 年 6 月 24 日；2003 年 278.7mm 为次大。

3.4.2 水文

赣江自西南向东北穿城而过，流经南昌市境内长约 119km，在八一桥以下分西支、

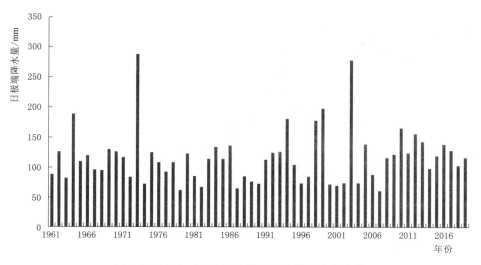

图 3.1　1961—2019 年极端日降水暴雨变化曲线

中支和南支汇入鄱阳湖。外洲水文站为赣江下游控制站，多年平均水位 15.98m，年最低水位均值 13.78m，年最高水位均值 20.52m。历年最高水位为 23.22m（1982 年 6 月 20 日），历年最低水位为 10.18m（2011 年 12 月 31 日），水位变幅为 3.5～9.0m；汛期 3—8 月多年平均水位为 16.67m，枯期 9 月至次年 2 月，多年平均水位为 14.85m，多年平均汛期水位与多年平均枯期水位相差近 2m，汛枯变化较大，枯期水位低。

3.4.3　水资源

南昌市水资源丰富，多年平均当地水资源总量 65.98 亿 m^3，其中地表水资源量 61.53 亿 m^3，地下水资源量 17.02 亿 m^3，地表水与地下水不重复计算量 4.45 亿 m^3，人均当地水资源量约为 1300m^3。

赣江、抚河及修河的主要支流潦河穿境而过，信江西大河傍市境东北入鄱阳湖，南昌过境水量丰沛（表 3.1）。据分析，赣江（外洲站）多年平均年径流量为 708.12 亿 m^3，抚河（李家渡）为 161.99 亿 m^3，潦河（万家埠）为 36.65 亿 m^3。

表 3.1　　　　　　　　　　　南昌市部分过境水量统计表　　　　　　　　　单位：亿 m^3

典型年	赣江	抚河（李家渡站）	潦河（万家埠站）	小计
多年平均	708.12	161.99	36.65	906.76
$P=50\%$	689.72	157.78	35.24	882.74
$P=75\%$	566.35	129.56	27.66	723.57

3.5　河流水系

3.5.1　基本情况

南昌市属于长江流域鄱阳湖水系，市内水系发达，大小河流湖泊众多，流域面积在

50km² 以上的河流有 22 条，河网密度 0.57km/km²。

主要河流有赣江、抚河、潦河（修河支流）和清丰山溪，主要湖泊中，除了全国最大的淡水湖——鄱阳湖外，水域面积超过 1km² 的湖泊有军山湖、金溪湖、青岚湖、瑶湖、象湖、艾溪湖、青山湖、前湖等。城区河湖基本情况见表3.2。

表 3.2　　　　　　　　　　　　南昌市城区河湖基本情况表

城区	河湖名称	常水位或景观水位 /m	水面积 /km²	河渠平均宽度 /m	河渠长度 /km	平均水深 /m	湖底平均高程 /m	需水量 /万 m³
昌南城区	青山湖	16.73	3.1			1.5	15.2	465
	艾溪湖	15.7	3.92			1.5	14.43	600
	象湖	18.7	3			1.5	16	450
	南塘湖	15.5	0.62			1.5	14	100
	瑶湖	15.64	18			2	12.5	3600
	朝阳洲水系	17.5	0.43			1.5	16	86
	抚支故道	17.5	0.43			1.5	16	80
	护城河东段	20	0.7	50	6.66	2	17.8	140
	北玉带河	18	0.03			1.5		6
	玉带河水系	18～19	0.39			1.5		74
	东西南北湖	16.5	0.21			2.5		52.5
	五干渠	17～21	0.08	5	14	1.5		
	幸福水渠	18	0.06			1.5		9
	小计		30.97					5663
昌北城区	前湖	18	1.8			1.5		
	礼步湖	17.5	0.25			1.5		
	黄家湖	17.5	0.7			1.5		
	孔目湖	17	0.41			1.5		
	白水湖	16.5	0.4			1.5		
	下庄湖	16.5	0.8			2		
	红角洲景观渠	17	0.8	40	20	1.5		
	乌沙河河道	17	1.52	80～200		1.5		
	前湖水	17	0.12	50	2.5	1.5	15	
	龙潭水		0.021	10～30	2	1	15～17	
	青岚水		0.061	8～30	4	1	19.5～28	
	前港水		0.035	10～30	3.5	1	15～17	
	幸福河		0.33	40～80	7.8	1.5	15～21	
	小计		7.25					

注　朝阳洲水系包括南、西、东桃花河和桃花龙河；玉带河水系由总渠、西、南和东支组成。

3.5.2　城市河湖存在的问题及原因[1]

3.5.2.1　河湖水系不畅

随着城市经济社会发展，河流、湖泊不断被人为侵占，部分河道、湖泊、池塘被缩窄、阻断，甚至消亡，水系的完整性受到破坏；河流不畅、湖泊封闭，水系连通性变差，水动力减弱，加剧河湖淤塞，导致水质下降。可以说，河湖水系连通性较差，水体交换不良是大多数城市河湖的通病。南昌历史上水系发达，河网密布，河湖相通；但是，随着城市化进程的加快，水系被人为阻隔的现象较为严重，河与河、湖与湖之间基本不连通，而成为各自独立的排涝分区；甚至，受上游水系水质较差的影响，处在上下游关系中的正常河湖连通都被人为阻断，无法进行正常的水体交换，只有在大暴雨期间才能溢流进入。

3.5.2.2　河湖水质不佳

大多数城市的排水体制，特别是老城区，基本上采用的是合流制，即只有一套管网系统。晴天，运送的是污水；雨天，雨污合流，除少部分送到污水处理厂处理以外，大部分合流水就近排入城内河湖，直接影响河湖水质。即使是新城区，采用了分流制，但由于居民楼"南雨北污"式的传统给排水系统设置，很多南阳台的雨水管混入污水，再加上居民小区出户管的乱接、错接现象难以杜绝，原来的雨水管变成雨污合流管网，同样影响到河湖水质。另外，城区人口密集、道路纵横交错，草沟、绿化带等缓冲处理措施不足，面源污染难以有效控制，初期雨水严重影响。再加上城市河湖水动力不足，自净能力较差，导致大多数城市湖泊水质不佳。中心城区主要湖泊的水质难以保证长期达到Ⅳ类，特别是雨季，湖体水质基本为Ⅴ类或劣Ⅴ类，影响水体功能的发挥。

3.5.2.3　水生态系统退化

城市化进程中，人类对河湖的影响与改造不断加剧。一方面，河湖周边人口集聚，各类废弃物剧增，加上城市污水管网建设与污水处理设施相对滞后，进入城市河湖的污染物大增，导致水体生态系统的污染物降解压力增大；另一方面，以前的河湖改造理念中，岸坡、渠底硬质化倾向明显，水陆隔离，水生动植物缺乏、复合生态系统呈现破碎化、单一化的趋势，湖泊的自然属性被削弱，对进入河湖内的污染物，主要依靠微生物自然降解，区域水生态系统较为脆弱。

3.6　城市防洪与治涝

3.6.1　南昌洪水特性

南昌城区主要受赣江洪水威胁，同时鄱阳湖高水位对上游洪水有明显顶托作用。昌北城区还受到乌沙河等支流的影响。

赣江流域（包括乌沙河流域）在3—10月都会有暴雨发生，但不同季节的暴雨出现形式及出现概率都不相同，4—7月大暴雨出现概率大，赣江中下游实测大洪水多发生在6月。赣江洪水由暴雨形成，洪水的季节特性和时空变化规律与暴雨基本一致。每年3—4月开始发生洪水，但峰、量一般不大；5—6月进入主汛期，为洪水主要发生季节，尤其是 6 月，往往形成峰高量大的洪水；8—9 月由于受台风的影响，也会出现短历时洪水。

鄱阳湖洪水由五河（赣、抚、信、饶、修五河）来水和长江洪水顶托形成，受五河及长江洪水的双重影响，洪水持续时间长。4—6 月湖水位随五河洪水上涨，7—9 月因长江洪水顶托或倒灌使湖区维持高水位，10 月后随长江洪水结束湖水位逐渐降落，因此 4—9 月鄱阳湖都可能出现高水位。鄱阳湖高水位对赣江南昌河段将产生顶托作用。

乌沙河地处赣江下游，是昌北城区的内河，为赣江左岸一级支流，其洪水特性和成因与赣江相同。

3.6.2　本地暴雨特性

南昌市暴雨天气主要在 4—8 月，年均暴雨日数为 5.7 天。主汛期（5—7 月）是暴雨与大暴雨的多发期；而连续性暴雨出现最多的是 6 月中下旬，属于江淮梅雨锋暴雨[2]。江淮梅雨锋暴雨持续时间长，降水强，容易形成致洪暴雨，造成严重的城市内涝等灾害[3]。影响南昌的主要暴雨类型就是梅雨锋上 β 中尺度的对流性暴雨，这类暴雨的局地性特征明显，瞬时强度大，易致灾[4]。

主汛期之后，主要受强对流天气、台风或其外围影响形成强降雨；一般情况下，连续性特征不明显，但短时雨强大，最大 1h 降雨可达 99.7mm，最大 3h 降雨可达 120.8mm。

21 世纪以来，南昌经历了多次暴雨袭击，根据"突发性强、暴雨强度大、危害严重"等特点，选择出 3 场典型降雨[5]。

2012 年 5 月 12—13 日，受中低层低涡、切变线和低空急流影响，南昌市普降大暴雨，城区处于 100~200mm 降雨覆盖区。"0512"暴雨降雨集中，6h 雨强大，城区受涝严重。

2012 年 8 月 21—22 日，南昌市出现了一次强对流性的大暴雨天气，暴雨中心位于主城区，湖坊站过程降雨达 175mm。"0821"暴雨主要集中在 3h 以内，虽然时程短，但突发性强，给城市排水系统造成巨大压力，城区短时积水严重。

2019 年 7 月 12—13 日，受低槽东移、西南急流和低层锋区影响，南昌市出现一次明显的梅雨锋大暴雨过程，主城区雨量集中，东湖区面雨量达到 171.0mm。"0712"暴雨时程较长，符合影响南昌最主要暴雨类型的基本特点。

3.6.3　南昌城区涝水特性

南昌城区地处赣抚尾闾滨湖地区，赣江自西南向东北穿过城区，将其分成昌南、昌北两城区，城区面积分布于赣江两岸小支流与区域上，城区来水均汇集于赣江。由于城区面积为赣江两岸的台阶地，区内地势平坦低洼，河流纵横、湖塘密布，受赣江防洪圩堤的阻挡与分隔，两岸小支流均为区域内河。当赣江水位低时，两岸小支流和区域来水可自排入赣江；当赣江水位高时，受赣江高水位的顶托作用，小支流与区域来水不能自排，需由泵站提排出江。用南昌站年最高水位（代表赣江南昌段水位）期间出现的降水量来分析涝水特征。

在赣江出现年最高水位时，同日南昌地区降水量一般较小，但高水位期间遭遇大暴雨的机会存在。1962 年和 1964 年为赣江大水年，在年最高水位出现期间遭遇南昌地区大暴雨（最大 1 日降水量分别为 200.6mm 和 177.6mm），该两年城区大暴雨与赣江洪水相遭遇。据实测资料统计，年最高水位与年最大降水同期遭遇的占 18%；在南昌年最大 1 日暴雨发生期间，同期遭遇赣江高水位的年份有 1953、1962、1964、1977、1995、1998 等年份；在日降水量超过 100mm 的年份里，同期遭遇赣江水位超过 20m 的年份约占 20%以上。

由于赣江流域汇水面积大，洪水历时长，赣江南昌河段高水位持续时间也较长，加上鄱阳湖较长时期高水位的顶托影响；历年均存在赣江高水位与城市雨洪相遭遇的机会。赣江高水位导致城区涝灾频繁发生；但赣江最大洪峰流量与城区年最大暴雨完全遭遇的概率相对较小。

3.6.4　防洪排涝现状

3.6.4.1　防洪现状

南昌市的防洪主要通过建设堤防工程，以圩堤为单元，形成相对独立的防洪排涝保护圈。同时，赣江上中游已建有峡山、万安、峡江 3 座控制性防洪水库。

昌南城区由赣江右岸的赣东大堤、富大有堤、滨江路防洪堤（墙）、城区南面的南隔堤以及东面尤口至罗家集一线的自然高地形成完整、独立的防洪保护圈。

昌北城区由沿江大堤、丰和联圩，赣江南岸堤、幸福前港堤、幸福后港堤等形成多个相互独立的小防洪保护圈。

目前，南昌市的东湖区、西湖区、青云谱区、湾里区等城区的堤防防洪标准达到50～100 年一遇；随着峡江水库与万安水库的联合调度，以及泉港分蓄洪区的配合运用，南昌市城区的防洪标准可提高到 100～200 年一遇。

3.6.4.2　内涝治理现状

经过历年的城市排水防涝建设，南昌市城区已基本形成一定规模与排水标准的排水防涝系统，其工程体系多依据地形与沟渠等自然汇水条件，在历年的排水防涝工程建设中逐渐形成并完善。排水防涝工程主要有提水泵站、汇水沟渠、导排渠、防内涝圩堤、排水控制闸等，并分为昌南、昌北两个系统，其中心组团排涝标准 20 年一遇，外部组团部分为5～10 年一遇。

昌南城区排涝区分为象湖治涝片、青山湖治涝片、艾溪湖治涝片和瑶湖治涝片四个治涝片。象湖治涝片汇水面积约 38.1km²，采用二级排水方式排除涝水；青山湖治涝片汇水面积 52km²，经青山湖调蓄后，由青山闸自排或青山湖电排站提排入赣江；艾溪湖治涝片汇水面积 78.1km²，根据地形条件又分成吴公庙、鱼尾、南塘湖三个子治涝区，各子区面积分别为 29.1km²、32.0km² 和 17.0km²；瑶湖治涝片汇水面积约 59.1km²，根据地形条件又分为昌东高校园区和航空城 2 个子治涝区，各子区面积分别为 34.1km²、25km²。

昌北城区治涝分为九龙湖排涝片、乌沙河排涝片、白水湖排涝片、幸福河排涝片和杨家湖排涝片等。

3.6.5　城市治涝相关规划

南昌市城市总体规划（2016—2035）中，单独列出排水工程规划，提出"全面规划，合理布局，综合利用，保护环境"的原则，要求充分利用地形条件和自然沟渠，采取"分区就近排水、分散排水"的原则，蓄泄兼顾，排泄结合，严格保留调蓄水面，不得随意占用填埋；综合整治排渍道，理顺水系，清淤截污，引水活化，保护河湖水系环境。并提出建成高标准的城市雨水排除系统，确保排水顺畅，城区排涝设施不低于 20 年一遇的排涝标准，等等。

除此之外，近年来，南昌市还组织编制了《南昌市城市排水（雨水）防涝综合规划》（2014—2030）、《南昌市海绵专项规划（2019—2035）》、各片区防洪排涝规划、各片区初雨规划，正在编报《南昌市内涝治理系统化实施方案》，共同推动海绵城市建设，加快城区内涝治理。

南昌市城市排水（雨水）防涝综合规划结合新的规范标准重新梳理了规划目标、排水体制的控制标准，生成一个较为系统的排水方案。

南昌市各片区初雨规划提出初期雨水污染控制总体思路，在有条件的区域采用低影响开发措施，通过设置下沉式绿地、透水铺装、植草沟、生物滞留池等设施从源头削减初期雨水污染；结合实际需求，设置初期雨水管和初期雨水调蓄池等设施，对初期雨水污染物进行截流；天晴后，将初期雨水输送至污水处理厂或初期雨水处理站进行处理，经处理达标后的尾水就近排入水体。

3.7　重点研究的 2 个典型排涝片

3.7.1　青山湖排涝片（老城区）

3.7.1.1　基本情况

该排涝片濒临赣江，地势平坦，汇水面积 $52km^2$，地面高程 $19.0\sim25.5m$；城市排涝系统由骨干水系与泵闸等排涝设施组成，设计排涝标准为 20 年一遇（一日暴雨一日排除）。雨水通过市政排水管网汇入玉带河，经青山湖调蓄后，由青山湖电排站（或青山闸）排入赣江。

该片区主要是老城区，基本沿用"合流制"排水体系；已建排水体系中部分管网设施陈旧，设计标准偏低，应排水量超过其设计能力，呈超负荷运行状态。排涝片内部各排水分区建设标准不协调，局部地区未成体系，存在排水不畅的问题。

城市骨干水系由青山湖与玉带河（包括总渠和东、西、南、北支）构成。21 世纪以来，为了改善水环境、恢复水生态，先后进行过两次较大整治；第一次，以河道拓宽与截污工程（截流倍数为 2）为主；为了保证正常生态补水期间不倒灌，截流系统沿线溢流堰顶高程按照"常水位+10cm 超高"控制。第二次，是河道清淤与截污管网提升改造（截流倍数为 18）；达到"1h 降雨不超过 6mm 时，不发生沿线溢流"的截流目标；沿线溢流堰顶高程的设计原则不变，终端溢流口设在七孔闸（出湖控制闸）下游，3 倍设计污水量以上的超量合流水由此溢出，堰顶高程为 16m。

城市排涝设施包括自排与抽排两部分。赣江水位低时，涝水通过青山闸注入赣江；赣江水位高时，启动电排站，充分利用青山湖调蓄功能后将涝水抽排至赣江。其中，青山湖电排站装机 10 台，总设计排涝流量为 77.6m³/s；青山湖水面面积约 3.01km²，承担着区域主要调蓄功能，设计最高蓄涝水位 17.23m，蓄涝容积 288 万 m³。

3.7.1.2 青山湖排涝系统运行调度方案的变迁过程

青山湖电排站的建站运行规则是：赣江水位在 16.73m 以下，青山闸开启，涝水通过青山闸自排；赣江水位达 16.73m，青山闸关闭，及时启动电排站，并视来水情况结合天气预报启动不同台数机组。在降雨量不大时，以控制青山湖水位在 16.73m 启用机组；当预报有大暴雨或特大暴雨时，全部机组启动运行，将青山湖水位预先降到 16.23m。暴雨过后，调整开机台数，将青山湖水位控制在 16.73m；直至赣江水位回落到 16.73m 以下才停机，同时开启青山闸。

21 世纪初期，鉴于上游玉带河水体污染严重，城市管理部门一度实行"河湖分家"，将青山湖与玉带河隔开，以减轻上游水系对其水质造成的影响。同时，为了达到最佳景观效果，隔离后的青山湖水位控制到 17.13m。由于青山湖和排涝泵闸分属两个部门管理，联合调度难度大，青山湖的蓄涝效果受到影响，削弱了该片区的排水除涝能力。

2011 年，市防指明确了汛期水位动态控制的原则，即根据预报实行"雨前预降"：20～50mm 降雨时，青山湖水位预降至 16.83m；50～100mm 降雨时，青山湖水位预降至 16.63m；100mm 以上降雨时，青山湖水位预降至 16.43m。2018 年年底，管网整治基本完毕，基于水体活化与污水收集的双重考虑，恢复了河湖关系（玉带河总干渠直接汇入青山湖），并重新制定了新的水位控制办法，将青山湖常水位控制到 16.63m；同时，"雨前预降"标准调整为：预报降雨 50～100mm，青山湖水位预降至 16.43m；降雨 100mm 以上，水位预降至 16.23m。

3.7.1.3 青山湖排涝系统运行调度存在的问题

历史上，主管部门对青山湖排涝系统的运行调度方案作了数次调整，取得一定效果。但是，在近两年的排涝实践中，系统运行仍然不够顺畅，调度方案需要进一步完善。

第一，对河湖骨干水系在暴雨期间的水位波动过程，及其对市政排水体系影响的认识不足。需要借助雨洪模拟软件，深入了解骨干水系水位变化对市政排水系统的影响机制，从而制定相应的策略。

第二，单纯针对调蓄区"雨前预降"的调度理念，已经不能满足实际需求。需要在科学评估雨洪过程的基础上，从充分发挥市政排水与城市排涝系统设计功能的角度，合理设定水位的调控原则，确定水位的控制时机与具体指标。

第三，泵站机组、水闸运行规程的操作性和灵活性不够。日常运行中，只有基于 24h 降雨预报的调蓄区"雨前预降"水位指标，难以控制暴雨过程中的河湖水位；既缺乏明确的降雨过程控制规则，也缺少对短历时强降雨的响应。

3.7.2 沙井电排区（新城区）

3.7.2.1 研究区域概况

南昌市红谷滩区是集商贸金融、行政办公、信息、文化、居住等多功能为一体的现代化新型城市 CBD；地处中亚热带暖湿季风区，雨量充沛，多年平均降雨量 1596mm；最大年降雨量 2356mm（1954 年）。年内与年际降雨量差异均较大，最大年降雨为最小降雨量的 2.25 倍，4—6 月为主雨季，降雨量占多年平均降雨量的 51.3%，致灾性暴雨多发。

南昌市红谷滩沙井电排区是"低水面率"城区的典型代表；新区建设初期，除排涝泵站周边的蓄涝区外，区内没有保留一处河湖水系，最初规划的蓄涝区又被城市建设挤占，最终的蓄涝水面率极小。近 20 年的排涝实践表明，以前规范明确的"20 年一遇最大一日（或 24h）设计暴雨一日（或 24h）内排至不淹重要建筑物高程"的排涝标准，无法适应其"低水面率"特点，不能满足城市排涝需求。

沙井电排区东至红谷中大道，西至丰和联圩，南至南斯友好路，北至庐山南大道；处于沿江大堤和丰和联圩共同组成的防洪保护圈内；采用自排、调蓄和电排相结合的方式解决区内雨洪，排水面积约为 7.95km²（包括卫东立交及其周边部分地区）。所有市政排水管网通过地下箱涵直接汇入泵站前池（调蓄区）；同时，按 20 年一遇 24h 暴雨的防御标准设计，对丰和站进行了改造与扩建；最终，区域内的调蓄水面为 100 亩（蓄涝水面率为 0.84%），排涝流量为 16.94m³/s。

3.7.2.2 存在的问题

由于蓄涝水面率过低，区域内涝防治系统对集中强降雨的适应性较差；大暴雨期间，区内受涝严重，泵站前池壅水过高，威胁到泵站的正常运行。区域排涝能力提升方案在保留现有排涝能力的同时，改建卫东电排站（基本废弃）以增加区域排涝流量；同时，新增调蓄水面 130 亩，总调蓄水面达到 230 亩（蓄涝水面率 1.93%）。但是，在泵站规模核定时，在关键参数选取上争论较多，分歧很大。最终通过多工况组合下的平均排除法、多雨型的过程排除法等方案比选，将区域排涝流量增加至 40.4m³/s。

参 考 文 献

[1] 唐明. "城市双修"背景下的城市河湖综合整治探讨——以南昌市城区水系为例 [J]. 中国防汛抗旱，2018，28（12）：16-20.

[2] 金米娜. 江西省汛期暴雨气候特点及预报方法综合分析 [J]. 气象与减灾研究，2009，32（1）：69-72.

[3] 张娟娟，刘波. 2013 年 6 月 26—29 日江西梅雨锋暴雨天气过程分析 [J]. 气象与减灾研究，2014，37（1）：55-60.

[4] 张小玲，陶诗言，张顺利，等. 梅雨锋上的三类暴雨 [J]. 大气科学，2004，28（2）：187-204.

[5] 唐明，许文斌，尧俊辉，等. 基于城市内涝数值模拟的设计暴雨雨型研究 [J]. 中国给水排水，2021，37（5）：97-105.

4 城市暴雨雨型研究

4.1 引言

近百年来，以平均气温升高与降水变化为主要特征的气候变化和以城市化发展为主要标志的高强度人类活动对地球系统产生了深远的影响，全球气候变暖和人类活动直接影响了水循环要素的时空分布特征，增加了极端水文事件发生的概率，城市热岛效应、阻碍效应和凝结核效应，使得城市暴雨洪涝问题日益增多[1]。特别是 21 世纪以来，城市内涝问题已经成为热点话题，全国各地都在开展城市内涝防治体系的核查与建设[2]，设法提高城市内涝的应对能力。

城市内涝防治体系包含源头减排、市政管网和流域排涝等工程性设施，行业管理分别隶属于市政、水利两个系统。但是两者在设计雨型选择上差异较大，前者大多采用降雨历时低于 3h 的设计雨型，而后者基本采用降雨历时为 24h 的设计雨型；而且两个系统在暴雨频率计算样本选择、计算方法上均有差异[3]。此外，随着城市内涝数值模型的开发、应用与推广，对设计暴雨雨型的时间刻度提出了更高的要求，常常需要细化到"分钟"。所以，当需要设计或复核城市内涝防治体系时，既要考虑流域排涝，又要兼顾市政管网与局地减排设施的设计标准，使得设计暴雨雨型的选择成为实践当中的一个焦点和难点。

近些年来，有关设计暴雨雨型的研究成为行业热点，呈现两个特点。一是按照暴雨强度公式计算推求短历时暴雨雨型[4-6] 的研究较多；雨洪模拟所需要的长历时设计暴雨雨型的研究较少。二是在长历时设计暴雨雨型的选取上，尽管也推荐典型暴雨同频放大方法[7-9]，但是对同频放大的计算过程介绍得不够，也未说明各自的优缺点，不利于相关方法的选择。

4.2 城市暴雨的设计雨型分析

依据 GB 51222—2017《城镇内涝防治技术规范》、SL 44—2006《水利水电工程设计洪水计算规范》，不论是采用"典型暴雨"同倍比放大法或同频率放大法，还是采取"综合雨型"同频放大法，都是规范、可行的计算方法。

4.2.1 "综合雨型"同频率放大法

"综合雨型"是水利部门根据实测暴雨资料，运用统计分析推求出来的。各省（市、区）水文手册中按地区气候特点综合概化出"雨型表"，通常情况下，将暴雨的核心部分放在较靠后的位置，从汇流的角度，可能形成更加不利的过程，更能考验水利设施的防范能力。

"综合雨型"中，不同历时的最大降雨量也不能达到同频的要求，主要是 1h 雨量偏小，最大 3h、6h、12h 的降雨量都偏大，需要进行同频调整。由于它是一种人工分配的结构化雨型，其同频调算过程并不太复杂。另外，"综合雨型"的最小统计时段为 1h，需要对每个小时内的雨量进行再分配，才能达到城市内涝数值模型的时间刻度要求。

4.2.2 典型暴雨"同倍比放大法"

"同倍比放大法"最大的优点就是能保证典型降雨时程的基本形态不变，而且计算简单，只需要考虑设计历时的降雨总量缩放倍数，即可形成某一频率的设计暴雨雨型，并且在时间刻度上与原始暴雨资料保持一致。随着气象监测技术的发展，降雨记录的时间刻度已经细化到分钟；因此，采用"同倍比放大"法，容易达到雨洪模拟软件要求的"精度"。

其缺点是只能满足某一个设计历时下的同频要求，而其他统计时段特征降雨量的重现期差异较大。按照 24h 20 年一遇暴雨量对 3 个典型雨型进行"同倍比放大"后，采用市政标准计算 1h 及以下降雨历时的重现期，采用水利标准计算 2h 及以上的重现期（表4.1）。可以发现：短历时的重现期总体偏小，不利于源头减排、排水管渠等工程设施的规模确定和能力复核；较长历时的特征值普遍偏大，有些数值甚至超过 100 年一遇，超出了排涝体系的真实能力，不能客观评价流域排涝工程能力。不同历时降雨量重现期差异过大，难以兼顾流域排涝、市政管网与局地减排设施的设计标准。

表 4.1　　　　　　　　　　　　不同典型雨型的特征值对照表

降雨历时	"0512" 型		"0712" 型		"0821" 型	
	雨量/mm	重现期/年	雨量/mm	重现期/年	雨量/mm	重现期/年
10min	13.2	<0.5	19.1	<1	30.4	3
20min	21.9	<0.5	31.3	<2	53.8	20
30min	27.6	<1	43.5	3	78.7	>100
1h	48.9	<2	62.6	5	128.6	>100
2h	86.4	<14	99.2	37	176.1	>100
3h	120.3	<41	114.8	31	209.6	>100
6h	202.9	>100	143.6	30	223.6	>100
12h	216.1	78	199.2	43	223.6	97
1d	223.6	20	223.6	20	223.6	20

4.2.3 典型暴雨"同频率放大法"

选定典型暴雨后，就可以用设计频率下的不同历时特征降雨量（本书采用水文部门按年最大值样本推求的雨量成果）控制不同时段的放大系数（表 4.2），对典型暴雨进行分段缩放。

表 4.2　　　　　　　　　　**不同典型暴雨"同频率"放大系数对照表**

典型暴雨	最大 1h	最大 3h 的其余 2h	最大 6h 的其余 3h	最大 12h 的其余 6h	最大 24h 的其余 12h
"0512"	1.946	0.628	0.41	3.408	7.567
"0821"	0.92	0.802	1.441		
"0712"	2.663	0.912	1.653	1.278	3.243

　　"同频率放大法"的最大优点是控制时段的降雨量都同时达到设计频率，体现理论上的一致性；当然，它并不是任意时段上的"同频"。另外，即使是"短历时强降雨"典型的"0821"型暴雨实际降雨期只有 6h 的，按照同频放大后，也可以调整为 24h 雨型。

　　但是，采用"同频率放大法"时，由于各控制时段的缩放系数各异，控制时段边缘的数据的变动可能导致新的最大值出现；以表 4.2 为例，在完成第一轮系数调整后，"0512"型暴雨出现新的 6h、12h 最大值；"0821"与"0712"型暴雨均出现新的 3h、6h 最大值。因此，需要多次调整，才能达到"控制时段"的"同频"。同样，按典型暴雨进行"同频率放大法"得出的雨型也要进行时间刻度的细化。

4.2.4　"同频率放大法"的设计雨型比较

　　图 4.1 列出具有不同降水特征的 3 场典型暴雨和"综合雨型"的同频放大（20 年一遇）后的时程分布图。共同点是都有一个明显集中降雨期（6h），并且 1h、3h、6h 的降雨量均达到同频雨量，完全一致。不同点有两处：一是占据绝对优势的 6h"主峰"的时序上的差异；二是尽管四个雨型在 12h、24h 降雨量上一致，但 6h 之外的降雨时程分布还存在差异。由于自然降雨过程存在较大的"随机性"，不同的雨型经过"同频率放大法"后，不论是"主峰"时序，还是"小峰"的个数（"0712"型暴雨有 3 个明显的小峰、"0512"型暴雨有 2 个明显的小峰、"0821"型暴雨没有明显的小峰），均有较大差异。

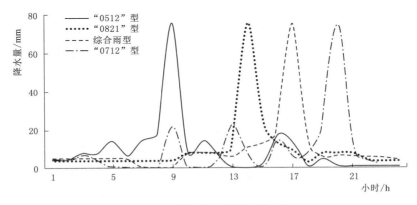

图 4.1　同频放大后的雨型对比

　　综合雨型是人工构造的"单峰"雨型，时序稳定；"单峰"之外的降雨分布亦相对均匀，同频调算后，也没有明显的小峰。

4.3　案例验证——青山湖排涝片

4.3.1　基于 MIKE 的耦合模型构建与率定

4.3.1.1　模型的构建

步骤 1：收集整理区域地下排水管网普查资料，通过 MIKE URBAN 内置的数据导入功能，导入普查数据，形成一维管网文件；普查资料不足的区域，进行管网补勘，通过 MIKE URBAN 内置的属性创建功能，人工补录；采用泰森多边形法进行汇水面积的自动划分，同时给定径流计算参数及计算法则（随形状变化的 $T-A$ 曲线法）；最后，进行人工检查与系统自检，从而形成完善的一维管网模型。

步骤 2：根据实际水系走向生成河网 shp 文件；根据实测资料定义不同里程的断面尺寸及河底标高；根据工程设计参数及不同的模拟工况确定边界数据及水力参数，完成河网模型（图 4.2）。

步骤 3：基于实测地形文件，借助 ArcMap 生成网格大小为 5m×5m 的 Dem 文件及 ASCII 数据文件，运用 Mike Zero，将 ASCII 转化为 dfs2 文件，输入模拟步长、文件输出路径、地表径流曼宁系数等参数，构建二维地表漫流模型。

步骤 4：运行 MIKE FLOOD 耦合模型，通过管网模型内的人孔与二维地表漫流模型的网格点进行自动耦合、管网模型内的排水口与河网模型的水位点进行耦合、河网模型的两岸与二维地表漫流模型的网格进行耦合。

4.3.1.2　模型的率定

利用"0712"暴雨的实测雨量、河湖水位、电排站外排流量及排涝片积水点等资料对模型进行率定。利用青山湖排涝区 3 个雨量站的实测数据得到率定工况的降雨时间序列；将电排站实际抽排流量监测数据导入 Mike Zero，形成流量时间序列；将实测的河道初始水位输入模型；运行耦合模型，得到青山湖水位过程与青山湖排涝区积水情况（图 4.3）。模拟出的积水点位与市排水部门统计信息基本吻合（由于管网模型按照设计管径构建，未考虑管道淤积因素，模拟出来的具体积水点上积水深度与实际情况有些差异）；而且，当日实测青山湖最高水位 16.83m 与模拟值 16.85m 接近；可以认为本次构建的耦合模型相关参数设定合理。

4.3.2　数值模拟结果分析

4.3.2.1　采取不同雨量细化方法的"复合雨型"对比分析

以"综合雨型"为例，对"同频放大"后的雨型进行小时内的雨量再分配。第一种方法，是在"综合雨型"的基础上，用市政部门常用的芝加哥雨型细化最大"1h"雨量，其余 23h 按雨量大小在各个小时内进行均匀分配（"复合雨型 A"）；第二种方法，是在"综合雨型"的基础上，用芝加哥雨型对每个"1h"雨量进行细化（"复合雨型 B"）。运用 MIKE 软件对两种雨型下的排涝进程进行模拟；选取三个控制断面（东、南、西三支汇流处断面 a，青山湖进口处断面 b，北支出口处断面 c，具体位置参见图 4.4）的水位过

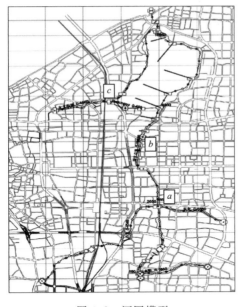

图 4.2 河网模型

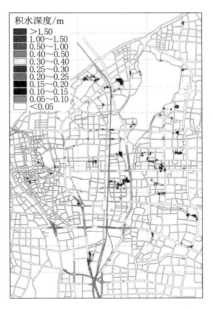

图 4.3 "0712" 积水图

程线进行分析。经比较后发现：

（1）图 4.4（a）显示的 a 断面在 2 种"复合雨型"条件下的水位过程线，在汇流峰值区及之前吻合度很高；b 断面在汇流峰值之前的吻合度很高。但是，在过程线的后段，两种雨型的过程线逐渐分离，"复合雨型 A"的水位过程线（a 断面为实线、b 断面为下方点线）处在"复合雨型 B"的水位过程线上方（a 断面为虚线、b 断面为下方点画线）；主要是"复合雨型 A"最大 2h 的雨量较"复合雨型 B"更大（尽管其最大 1h 与 3h 雨量一样），以 b 断面为例，"复合雨型 A"条件下，流量过程线（上方的点线）在峰值区更高，需要调蓄的水量增加，从而水位雍高现象更加明显。

（2）图 4.4（b）中显示的 c 断面在 2 种"复合雨型"条件下的水位过程线（复合雨型 A 为下方实线、复合雨型 B 为下方虚线）在汇流峰值区吻合度很高。在汇流峰值出现之前，"复合雨型 B"的水位过程线受降雨波动的影响明显；这是因为 c 断面所在的渠道不直接汇入青山湖（只是达到一定水位后溢流进入青山湖），在中低水位时，渠道自身调蓄能力较低，水位对流量波动较为敏感；相对"复合雨型 B"来说，"复合雨型 A"条件下，其流量（上方实线）波动较小，从而导致其水位过程线的波动性也较小。

（3）两种细化方式带来控制断面的差异并不大；从能力复核的角度，"复合雨型 A"所采用的细化方法更加有利。对于 20 年一遇的"复合雨型 A"，其 1h、3h、6h、12h、24h 降雨量均达到了水利的 20 年一遇标准；其 1h 及以下历时降雨量，按照市政标准，重现期均为 15 年一遇，能够起到复核市政管网与局地减排设施的作用；因此该雨型可以兼顾城市排水与排涝两个系统。

4.3.2.2 不同典型暴雨"同倍比放大"的对比分析

根据之前有关典型暴雨的分析，选择"0512""0712"两场暴雨按照 24h"20 年一遇"

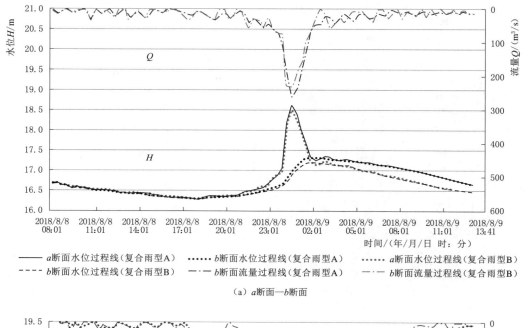

（a）a断面—b断面

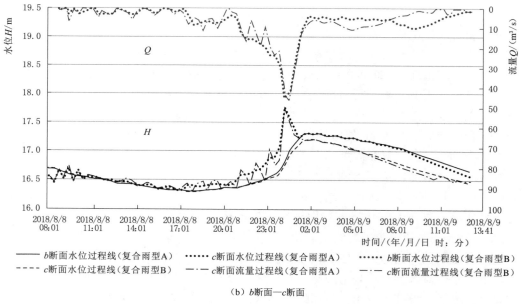

（b）b断面—c断面

图 4.4　不同细化方式下主要断面水位、流量过程线比较

的降雨量进行"同倍比放大"，并对它们的模拟结果进行比较分析。两场暴雨在时序上的降雨量差异较大，前者降雨更为集中，后者相对均匀一些。运用 MIKE 软件对上述雨型下的排涝进程进行模拟；经比较后发现：

（1）从降雨集中期出现的时间以及汇流峰值来看，2 种典型暴雨经过"同倍比放大"后的差别较大。"0512"型暴雨集中降雨期更早、量更大，泵站满负荷开机时间长了约 5h。

（2）从青山湖的调蓄水位来看，"0512"型暴雨下的水位很高，达到 17.68m，超过设计值 0.45m；其主要原因就是"0512"型暴雨经过"同倍比放大"之后，3h 及以上的降雨量大大超过了 20 年一遇，其中，6h 降雨量甚至超过了 100 年一遇，对城市治涝系统的压力过大；不适合采用"同倍比放大法"推导设计雨型。

（3）图 4.5 显示：从 a、c 断面水位抬升的情况来看，两个雨型在对城市管网顶托作用的影响方面存在明显差异。"0512"型暴雨条件下的骨干水系水位抬升持续的时间更长，而"0712"型暴雨则表现为峰值更高，但两者在集中暴雨期的水位均大大超过市政管网设计条件。前者高水位持续时间长的原因是其 3h、6h、12h 的降雨量均超过后者；后者高水位峰值更高的原因是其 1h、2h 的降雨量均超过前者。

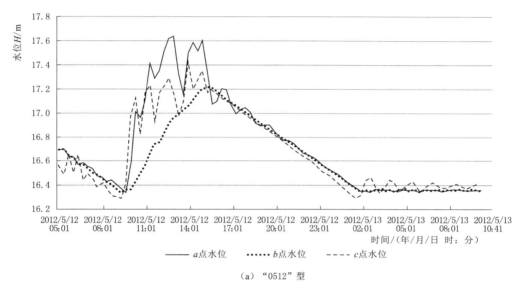

（a）"0512"型

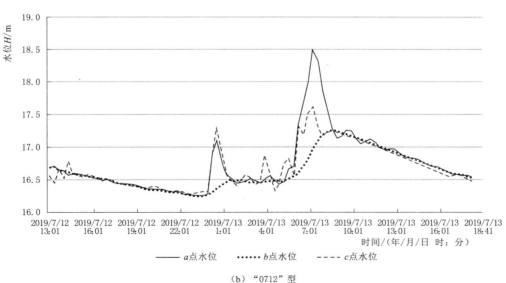

（b）"0712"型

图 4.5　主要断面水位过程线

4.3.2.3 不同的"同频率放大法"雨型对比分析

运用 MIKE 软件，对经过"同频率放大法"后的"0712"型、"0512"型、"0821"型和"复合雨型 A"条件下的排涝进程进行模拟；同样选取 a 断面（实线），b 断面（点线），c 断面（虚线）的水位过程线进行分析（图 4.6）。

（1）图 4.6 显示，经"同频率放大法"后的不同设计雨型，在主要断面上的水位过程线形态相似。其排涝进程差异体现在两个方面：一是汇流峰值时序的不同（但与降雨峰值的时序保持一致）；二是 24h 末主要断面水位的不同。其原因是降雨峰值越靠后，24h 之内，泵站满负荷运行时间就少，当日排涝总量就更少。

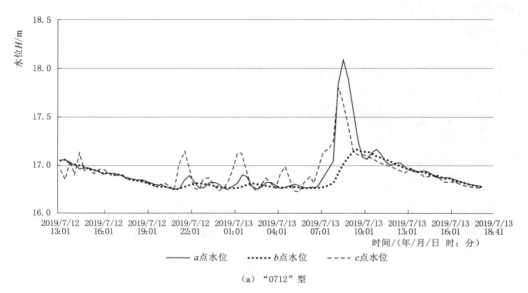

（a）"0712"型

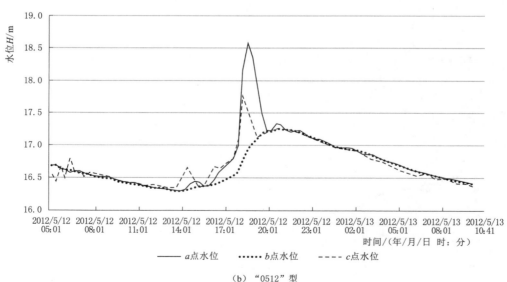

（b）"0512"型

图 4.6（一） 不同雨型下主要断面水位过程线

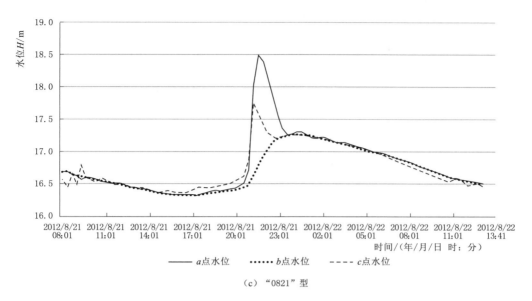

（c）"0821"型

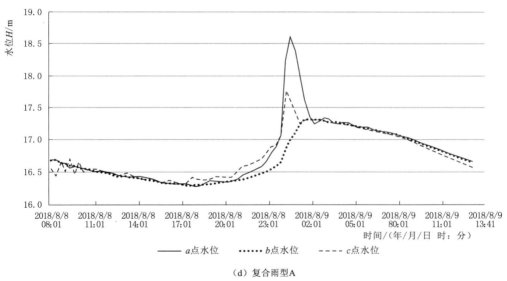

（d）复合雨型A

图4.6（二）　不同雨型下主要断面水位过程线

（2）如图4.6（a）所示，经"同频率放大法"后的"0712"型暴雨在最大6h降雨时程之前，有3个明显的小峰，在排涝进程中，调蓄区可以多次发挥调蓄的作用，从而较大幅度地削减了调蓄区及骨干水系的水位（降幅达50cm）。最能体现南昌暴雨特点的"0712"暴雨，经"同频率放大法"后，其调蓄区最高水位仅有16.83m，大大低于设计值，难以体现校核的功能，并不适合采用"同频率放大法"。

（3）图4.7显示，"复合雨型"与同频放大后的"0512"型、"0812"型暴雨条件下的排涝过程表现出较好的一致性。主要是因为"复合雨型"与"0812型"暴雨在"单峰"外降雨相对均匀；而"0512"型暴雨虽然也有2个小峰，但只有1个位于最大6h降雨时程之前，而且距离主峰很近，能够增加的调蓄量有限，对削减调蓄区水位的效果不明显。"复合雨型"对应的最高蓄涝水位略高些，从能力复核的角度，该雨型更为有利一些。

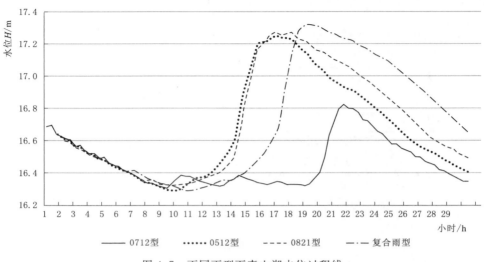

图 4.7 不同雨型下青山湖水位过程线

4.4 小结

综上所述，"综合雨型"同频放大法、"典型暴雨"同倍比或同频率放大法，都是规范允许的计算方法；但是，不同的方法有各自的优缺点。因此，在设计或复核城市内涝防治体系时，需要根据工作实际，进行合理化选择。

（1）"同倍比放大法"能保证典型降雨的基本形态不变；且计算简单，便于时间刻度的细化。但是，它只能满足设计历时下的频率要求，而其他主要统计历时降雨量的重现期差异很大，难以客观评价市政排水与流域排涝系统的能力；实际应用当中，很难找到主要统计历时降雨量重现期较为一致的雨型。当内涝防治体系设计或能力复核精度要求较高时，不建议采用。

（2）"同频率放大法"能针对工程建设的设计或复核需要，控制主要时段的"同频"，体现理论上的一致性；"同频放大"后的雨型都有一个明显的 6h 集中降雨期，有利于排涝系统的能力复核。但是，其时间刻度需要细化；同时，受典型暴雨时程随机分布的影响，雨型调算过程较为复杂，排涝进程也存在较大差异。

（3）不同的"典型暴雨"适用不同的放大方法，在应用"典型暴雨"进行设计雨型计算时，需要结合当地气候特点，寻找多个典型暴雨，通过内涝数值模拟进行合理化选择。

（4）"综合雨型"是各地水利行业根据实测暴雨资料，按地区气候特点综合概化的"雨型表"，更能考验水利设施的防范能力。尽管在 24h 以下的时段雨量也不能保证同频；但是，由于"综合雨型"时程系数是一种结构化的人工分配，其同频调算过程相对简单；而且能够克服暴雨时程随机性带来的排涝进程差异。

（5）"复合雨型"本质上是采取"长、短历时"对城市暴雨进行双向控制的构想，将

"芝加哥雨型"等适应当地市政系统短历时排水特点的雨型"嵌入"到"综合雨型"的最大"1h"当中。既能从较长历时降雨的角度考验排涝设施的能力，又能从短历时降雨的角度考验排水管网的能力，从而能够兼顾市政排水与流域排涝两个系统的能力复核；雨型生成过程相对简单，便于应用。

参 考 文 献

[1] 张建云，宋晓猛，王国庆，等. 变化环境下城市水文学的发展与挑战：Ⅰ. 城市水文效应 [J]. 水科学进展，2014，25（4）：594 - 605.

[2] 黄国如，罗海婉，陈文杰，等. 广州东濠涌流域城市洪涝灾害情景模拟与风险评估 [J]. 水科学进展，2019，30（5）：643 - 652.

[3] 谢华，黄介生. 城市化地区市政排水与区域排涝关系研究 [J]. 灌溉排水学报，2007，26（5）：10 - 13.

[4] 侯精明，郭凯华，王志力，等. 设计暴雨雨型对城市内涝影响数值模拟 [J]. 水科学进展，2017，28（6）：820 - 828.

[5] 张鹭，李菁，裴海英，等. 南京市短历时暴雨雨型分析 [J]. 气象科技进展，2019，39（3）：15 - 20.

[6] 欧淑芳，叶兴成，王飞，等. P&C 雨型在城市排水计算中的适用性分析 [J]. 水电能源科学，2018，36（2）：32 - 35.

[7] 朱勇年. 设计暴雨雨型的选用：以杭州市为例 [J]. 中国给水排水，2016，32（1）：94 - 96.

[8] 杨星，李志清，李朝方，等. 同频率法设计降雨过程的安全裕度 [J]. 水力发电学报，2013，32（6）：19 - 23.

[9] 李志元，黄晓家，何媛媛，等. 设计暴雨雨型推求方法研究 [J]. 给水排水工程，2018，34（1）：141 - 143.

5 城市暴雨历时与蓄涝水面率的耦合效应

5.1 引言

空前迅猛的城市化之后，洪涝威胁对象、致灾机理、成灾模式与损失构成均发生了显著变化[1]；城市应对短历时强降雨的能力明显不足，"逢雨即涝"问题普遍存在[2]。"城市看海"一直是 21 世纪社会关注焦点[3]，也引起国家的高度重视；2020 年，国家将"增强城市防洪排涝能力，建设海绵城市、'韧性城市'背景"，作为"推进以人为核心的新型城镇化"的重要内容，并明确了"十四五"期间的城市内涝防治的目标；全国各地的城市内涝防治建设又迎来一轮新的建设热潮。

在城市水利系统规划或能力复核时，不论是城市水利排涝系统，还是源头控制工程，往往需要通过设置不同的水面率（蓄涝率）和暴雨历时（以下简称关键参数）的组合，进行多方案的设计与比选。但是，适合城市自身暴雨特性与下垫面特点的合理水面率应该在什么范围？城市排涝流量、调蓄水深等指标（以下简称设计指标）计算时如何选择设计暴雨历时？依据不同关键参数组合设计的水利排涝系统对短历时强降雨的适应能力又如何？都是实践当中面临的难题。

在城市排涝实践中，水利排涝系统和市政排水系统是否协调，直接影响到内涝防治系统的工作效率。然而，由水利部门主管的水利排涝系统和住建部门负责的市政排水系统，涉及不同学科领域，依据的行业规范也不相同，采用的暴雨选样方法、设计标准、频率分布模型、设计流量计算方法等都有各自的特点[4]；如何在各自行业规范框架内合理确定工程规模，解决两个系统运行不协调的问题，是很多学者的研究方向[3-8]。21 世纪以来，两部门已经多次修订各自的规程规范，力图适应城市内涝防治需求；其中，对"暴雨历时""蓄涝水面率"选取的强调，尤为引人注目。《治涝标准》规定：涝区应充分利用现有湖泊、洼地滞蓄涝水，合理确定蓄涝水面率或蓄涝容积率；设计暴雨历时和涝水排除时间可采用 24h 降雨 24h 排除；水利排涝工程的排涝流量与城市排水要求不能完全衔接时，沟渠、河道、泵站等工程的设计流量可以按 12h 排除或 6h 排除的要求进行计算[9]。GB 51222—2017《城镇内涝防治技术规范》提出：为达到内涝设计重现期标准，就要保证一定的水面率；进行城镇内涝防治设施设计时，降雨历时应根据设施的服务面积，可采用

3～24h[10]；GB 51174—2017《城镇雨水调蓄工程技术规范》提出：用于削减峰值流量的雨水调蓄工程的调蓄量计算中，设计降雨历时宜选用 3～24h[11]。

在城市内涝防治系统规划设计、能力复核时，要全面考虑下垫面径流系数、暴雨特性、蓄涝能力等因素的影响；特别是需要量化"暴雨历时""蓄涝水面率"这 2 个关键参数对设计指标的综合影响。因此，尽管现行规范对上述 2 个关键参数的选取分别提供了原则性建议；但是在城市排涝设计时，依然面临"关键参数选择难"的问题。

综上所述，寻求适合城市小流域汇流特点的排涝计算方法，快速计算出关键参数耦合条件下的设计指标；全景展现关键参数与设计指标的关系，进而寻求确定关键参数与设计指标大小的办法，将规程规范的原则性建议转化为具体工程设计指标的计算方法，已经成为当前急需解决的技术问题。因此，本书在分析常规"平均排除法"优缺点的基础上，针对其存在的缺陷作相应的改进，并结合具体案例的雨洪数值模拟，验证改进方法的可靠性。

5.2　城市排涝流量设计方法

5.2.1　小流域排涝流量的计算方法

小流域设计洪水经历了由简单到复杂、由计算洪峰流量到计算洪量的发展过程，计算方法主要包括经验公式法、推理公式法、综合单位线法、水文模型法等[12-13]。在洪峰流量计算方面，水利部门的推理公式法实际上是一种半经验、半理论公式，根据暴雨形成洪水原理，采用一定的概化条件推导出洪峰流量与若干参数之间关系的公式[14-15]。而市政部门推求公式与水利部门推理公式的基本形式相似，计算原理也是相同的[16]；只是市政部门为了推求管网最大设计流量，采用"极限强度原理"，对于部分汇流情况则不适用；并且只能确定最大径流，不能研究径流过程[17]。通过上述洪水计算办法得到的设计流量均为洪峰流量，而且过程较为繁琐；如果用来确定城市水利排涝系统的设计流量，还应进行适当的削峰处理[18]。

小流域排涝流量设计实践中，通过洪量推求排涝流量更为方便；一般多采用水量平衡法、平均排除法等。水量平衡法是一种过程排除法，适应各种类型的排涝区，结合降雨过程进行排蓄试算，计算成果较为精确；但是需要寻找符合本地特点的不同历时暴雨雨型。平均排除法适用于平原坡水区、滨河滨湖圩（垸）区、平原水网区、潮位顶托区等[7]，计算过程较简单，具有"快速计算"的优势；满足"快速计算出关键参数耦合条件下的设计指标"的基本需求。因此，适应城市排涝"小流域"特点的"平均排除法"，因计算过程简单而得到较为广泛的应用；但是，它也有两个明显的弱点：①当设计暴雨历时较小或者蓄涝水面率较高时，容易出现"小排蓄比"的计算结果，偏小的"设计排涝流量"不能满足正常排涝需要；甚至结果出现负数，导致无法采用该方法；②它是基于设计暴雨总时段的水量平衡；当蓄涝水面率较低、设计暴雨历时较长时，计算结果偏小，难以适应短历时集中强降雨。在实践当中，往往需要通过基于雨洪过程的综合单位线、水量平衡等计算方法来实现多情景调算，工作量巨大；一般情况下，调算出来的方案数量不足，代表性也不佳。

5.2.2 常规的平均排除法

城市集中式排水系统能够快速收集与输送雨洪，汇流时间短；而且下垫面硬化程度高，下渗较小；可以近似地认为排水历时与降雨历时相等。因此，设计排水量即设计暴雨形成的净雨量减去设计调蓄水量，使用"常规的平均排除法"推算的设计排涝流量：

$$Q_{aij} = (V_{净i} - V_{设调})/0.36t_i = 0.278 \times [\psi Sf(t_i) - 1000\alpha_j Sh_允]/t_i \qquad (5.1)$$

式中　Q_{aij}——设计蓄涝水面率 α_j 条件下，设计暴雨历时 t_i 对应的排涝流量（平均排除法），m^3/s；

　　　$V_{净i}$——设计暴雨历时 t_i 对应的净雨量，万 m^3；

　　　$V_{设调}$——设计调蓄水量，万 m^3；

　　　t_i——设计暴雨历时，h；

　　　ψ——地区综合径流系数；

　　　$f(t_i)$——为设计暴雨历时 t_i 对应的暴雨量，mm；

　　　S——设计排水面积，km^2；

　　　α_j——设计蓄涝水面率；

　　　$h_允$——主要蓄涝水体的最大允许调蓄水深，m，由城市竖向空间规划给定。

根据相关规范，"平均排除法"计算出的设计排涝流量是保证"设计暴雨历时内，排至不淹重要建筑物高程"，即"在设计历时末，调蓄区水位应排至最高设计蓄水位；并自设计历时末时刻开始，排空设计调蓄水量，将蓄涝区逐渐控制到正常水位"。

5.2.3 基于过程约束的"平均排除法"改进

式（5.1）表明，设计调蓄水量越大，设计排涝流量就越小；当设计暴雨历时较小或者蓄涝水面率较高时，调蓄量占比较高，排涝流量计算结果偏小，不足以排除下一时段的净增雨洪量，导致蓄涝区水位上涨，并超过最高调蓄水位，从而影响正常排涝进程；这就是平均排除法得出"小排蓄比"时，其成果不适应城市排涝需求的根本原因（第 1 个弱点）。因此，需要着手设计暴雨的"雨型构建"，从而结合设计暴雨的雨洪过程，细化排涝进程中的流量需求，对"常规的平均排除法"进行改进（以下简称"改进的平均排除法"），协调较短历时设计暴雨及其后续降水过程中的"排蓄关系"，使其能够实现"关键参数耦合条件下的设计指标"的快速计算；从而避免通过综合单位线、水量平衡等基于雨洪过程的计算方法来实现多情景调算时工作量巨大的问题，提高多方案比选设计的时效性和准确率。

5.2.3.1 设计暴雨的"雨型构建"

水文部门在进行暴雨成果统计时，按照设定的统计时长进行平滑移动检索；对于短历时暴雨，时程集中在强降雨时段；对于较长历时，会包含集中降雨期，但集中降雨期在统计时段内出现的位置差别很大。因此，对于历时较长的暴雨，需要结合规范与实践需求进行相应的"雨型构建"。

通常采用的有"典型暴雨"和"综合暴雨"。"典型暴雨"同倍比或同频率放大法，都是规范推荐的计算方法，有着各自的优缺点；"同倍比放大法"能保持典型降雨的基本形态不变，且计算简单，便于时间刻度的细化，但是它只能满足设计历时的频率要求，而其他主要统计历时降雨量的重现期差异很大，难以客观评价市政排水与水利排涝系统的能力；"同频率放大法"能针对工程建设的设计或复核需要，控制主要时段的"同频"，体现理论上的一致性，有明显的集中降雨期，有利于排涝系统的能力复核，但需要细化时间刻度；同时，受典型暴雨时程随机分布的影响，雨型调算过程较为复杂，降雨时程也存在较大差异。"综合雨型"是水利部门根据实测暴雨资料，运用统计分析推求出来的，不同历时的最大降雨量不能达到同频要求；由于"综合雨型"时程系数是一种结构化的人工分配，其同频调算过程相对简单。

但是，以上方法构造出来的 24h 雨型，最大 1h、3h、6h、12h 降雨的时程分布没有稳定的规律，难以结合设计暴雨过程细化排涝进程中的流量需求。因此，为了能够通过 1 个"设计暴雨"模拟不同时间尺度的雨洪规律；本书参照水文部门 3h、6h、12h "双倍"步长的降雨资料统计规律，基于不同历时暴雨成果，构建"集中强降雨"雨型（图 5.1），能够直观地看到每个历时后续的不同时段内可能最大降雨（主要时段"同频"）；从而针对性地进行某个设计历时暴雨及其后续降水过程中的"排蓄关系"调整。

同时，为了同步考核"大尺度"水利排涝系统与"小尺度"市政排水系统的可靠性，按照"长、短历时"暴雨双向控制的构想进行雨量细化[19]；将适应本地市政系统的"芝加哥雨型"嵌入第一个 45min 当中，其余时段按三角分布处理；设计雨型主要时段的最大暴雨量依然满足暴雨统计成果与历时的关系（表 5.1）。构造出来的"集中暴雨雨型"既能从较长历时降雨的角度考验水利排涝系统的能力，又能从

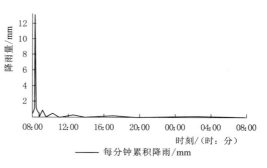

图 5.1 集中暴雨雨型时程分布（24h）

短历时降雨的角度考验排水管网的能力，从而兼顾市政排水与水利排涝两个系统的能力复核。雨型生成过程简明，便于应用。

表 5.1　　　　　　　　　　　　　　"集中强降雨"雨型的时程变化情况

序号	分段时长/h	分段雨量/mm	平均雨强/(mm/h)	累积时长/h	累积雨量/mm
1	0.75	66.02	88.03	0.75	66.02
2	0.75	22.50	27.33	1.5	86.52
3	1.5	22.68	15.12	3	109.20
4	3	28.10	9.37	6	137.30
5	6	40.90	6.82	12	178.20
6	12	45.40	3.78	24	223.60
7	24	40.15	1.67	18	263.75

5.2.3.2 过程控制条件之一

由于水文暴雨成果采用"年最大值取样法"，表 5.1 所示的分段平均雨强呈衰减趋

势，紧随设计暴雨历时之后等时长的分段平均雨强，均比其后的分段平均雨强大。比如，假如设计暴雨历时为 3h，再紧随其后的 3h 分段平均雨强为 9.37mm/h，而它之后的 6h、12h、24h 时段内的平均小时雨强均比它小（表 5.1）。因此，如果采取平均排除法，按照暴雨历时 t_i 设计的排涝流量，只要在 $t_i \sim t_{i+1}$ 时段能够排除该时段的净增雨洪（该时段已经无调蓄容积可用），就能满足其后程排涝需要；反之，则影响后续排涝。即，此控制条件下的排涝流量 Q_{bij} 为

$$Q_{bij} = (V_{净 i+1} - V_{净 i})/(t_{i+1} - t_i) = 0.278\psi S \left[f(t_{i+1}) - f(t_i) \right]/(t_{i+1} - t_i) \quad (5.2)$$

式中 Q_{bij}——排除 t_i 后续时段（$t_{i+1} - t_i$）净雨量所需的排涝流量，m^3/s；

$\quad V_{净 i+1}$——暴雨历时 t_{i+1} 对应的净雨量，万 m^3；

$\quad f(t_{i+1})$——暴雨历时 t_{i+1} 对应的暴雨量，mm。

因此，当 $Q_{aij} < Q_{bij}$ 时，说明 Q_{aij} 不能完全排除后续 $t_{i+1} - t_i$ 时间段的净增雨洪量，平均排除法受限。为解决该情景下设计排涝流量不能满足后续时段的排涝需求问题；基于 2 倍步长进行调整，在 $0 \sim t_{i+1}$ 时段内，该排涝流量可调整为

$$\begin{cases} t_{i+1} = 2t_i \\ Q_{ij} = Q_{(i+1)j} = (Q_{aij} + Q_{bij})/2 \end{cases} \quad (5.3)$$

式中 Q_{ij}——不同"暴雨历时"t_i 与"蓄涝水面率"α_j 耦合条件下的排涝流量，m^3/s。

调整后，如果还出现 $Q_{(i+1)j} < Q_{b(i+1)j}$ 的情况，继续按照上述方法进行"双倍步长"的调整处理，直到其排涝能力能够排除下一时段的净雨量。

5.2.3.3 过程控制条件之二

"20 年一遇最大一日（或最大 24h）设计暴雨一日（或 24h）内排至不淹重要建筑物高程"的排涝标准，并没有明确规定腾出调蓄库容的时间。因此，当暴雨历时 t_{i+1} 增加到 24h，综合考虑降水规律与实际需要，可以规定此时的设计排涝流量至少能够满足"雨后 $1 \sim 2$ 天腾出调蓄库容"（本书选择雨后 1 天腾出库容）；则在第 2 天，排涝机组还应具备完成"排除第 2 天的降雨"与"腾出调蓄库容"双重任务的能力。即，从 2 天的时间尺度来看，排涝流量应至少满足"2 日暴雨 2 日排净"（腾出调蓄库容）的能力：

$$\begin{cases} Q_{\min} = 0.278\psi \cdot S \cdot f(t_{\max})/t_{\max} \\ t_{\max} = 48h \end{cases} \quad (5.4)$$

式中 $t_{\max}$——城市的最大允许排涝时长，h，即从起排至"腾出所有调蓄库容"所需的时间；

$\quad f(t_{\max})$——与 $t_{\max}$ 对应的暴雨历时累计雨量，mm；

$\quad Q_{\min}$——满足 $t_{\max}$ 所需的排涝流量，m^3/s。

5.2.3.4 基于"改进的平均排除法"的任意组合下设计排涝流量 Q_{ij}

$$Q_{ij} = \begin{cases} Q_{aij}; \quad Q_{aij} \geqslant Q_{bij} \\ Q_{(i+1)j} = (Q_{aij} + Q_{bij})/2; \quad Q_{aij} < Q_{bij}; \quad Q_{ij} \geqslant Q_{b(i+1)j}; \quad t_{i+1} < 24 \\ \max(Q_{(i+1)j}, Q_{\min}); \quad Q_{aij} < Q_{bij}; \quad Q_{ij} \geqslant Q_{b(i+1)j}; \quad t_{i+1} = 24 \end{cases} \quad (5.5)$$

其计算流程如图 5.2 所示。

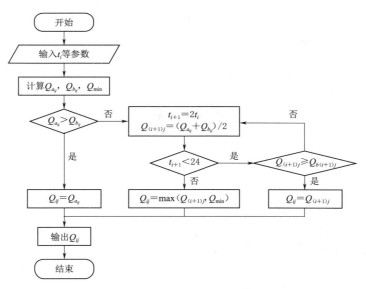

图 5.2 排涝流量计算流程图

5.2.3.5 基于"改进的平均排除法"的任意组合下实际调蓄水深 h_{ij}

$$h_{ij} = \frac{\psi f(t_i)}{1000\alpha_j} - \frac{Q_{ij} \cdot t_i}{278\alpha_j \cdot S} \tag{5.6}$$

式中　h_{ij}——不同"暴雨历时"t_i与"蓄涝水面率"α_j耦合条件下的调蓄水深，m。

5.2.4 基于关键参数耦合的城市排涝系统设计指标的确定方法

如前所述，当蓄涝水面率较低且设计暴雨历时较长时，常规"平均排除法"计算结果偏小，难以适应短历时集中强降雨（第 2 个弱点）。因此，可以在"改进的平均排除法"得出关键参数耦合条件下设计指标的基础上，在"3～24h"设计暴雨历时的范围内，综合考虑城市小流域排涝片的现状水面率、水面率调整的客观条件与内生动力，以及"排蓄关系"调整所需投资等情况，合理确定"设计调蓄水面率"。

同时，利用式（5.5）、式（5.6）的计算成果，选择与"设计调蓄水面率"相应的"设计暴雨历时"，进而得出设计排涝流量、调蓄水深等指标的设计值。即：在选定设计蓄涝水面率下 α_{j_d} 之后，利用该水面率下不同暴雨历时的排涝流量 Q_{ij_d} 与调蓄水深 h_{ij_d} 成果，找出"设计暴雨历时"t_{i_d}，其对应的设计值满足下面的极大值条件：

$$\begin{cases} Q_{i_d j_d} = \max Q_{ij_d} \\ h_{i_d j_d} = \max h_{ij_d} \end{cases} \tag{5.7}$$

式中　$Q_{i_d j_d}$——蓄涝水面率下 α_{j_d} 与设计暴雨历时 t_{i_d} 耦合条件下的排涝流量，m^3/s；

　　　$h_{i_d j_d}$——同一耦合条件下的调蓄水深，m；

　　　Q_{ij_d}——蓄涝水面率下 α_{j_d} 与不同暴雨历时 t_i 耦合条件下的排涝流量 m^3/s，$t_i \in \{3, 6, 12, 24\}$，为规范推荐的设计暴雨历时，h；

　　　h_{ij_d}——同一耦合条件下的调蓄水深，m。

"计算成果"表中的 $Q_{i_d j_d}$、$h_{i_d j_d}$ 即为该城区在蓄涝水面率 α_{j_d} 条件下的设计排涝流量 Q_{j_d} 与设计调蓄水深 h_{j_d}。

5.3 案例验证——沙井电排区

5.3.1 关键参数耦合条件下沙井电排区设计指标的计算与分析

根据沙井电排区内的房屋屋顶、混凝土路面、沥青路面等不透水覆盖面所占面积比重，将该区域综合径流系数设为 0.90；以及根据现状管网布置及区域竖向空间规划等因素，将最大调蓄深度设置为 1.5m。采用水文部门提供的代表站不同历时的暴雨统计成果，由于治涝区域面积较小，点面折算系数取"1"。按式（5.1）进行"常规的平均排除法"（24h 暴雨，下同）计算出的排涝流量；为了全景展现关键参数的耦合效应，在现状水面率 0.84，拟改造提升后的水面率 1.93 之外，增设 3～10 等 8 个可能蓄涝水面率。由表 5.2 可以看出，随着蓄涝水面率的提高，排涝流量逐渐减小，当降雨历时进一步减小时，甚至出现较多负值。例如，当水面率为 5%，暴雨历时为 3h 条件下，设计流量为 17.14m³/s，不能排除下一个 3h 的净增洪量；则该情境下就不再适用常规平均法。

表 5.2　　　　不同排涝情景时的设计排涝流量（"改进前"，20 年一遇）　　　单位：m³/s

暴雨历时/h	调蓄水面率									
	0.84%	1.93%	3%	4%	5%	6%	7%	8%	9%	10%
0.75	137.86	89.71	**42.40**	−1.77	−45.93	−90.10	−134.27	−178.43	−222.60	−266.77
1.50	96.09	72.02	48.36	**26.28**	4.20	−17.89	−39.97	−62.05	−84.14	−106.22
3	63.09	51.05	39.22	28.18	**17.14**	6.10	−4.95	−15.99	−27.03	−38.07
6	40.85	34.83	28.92	23.40	17.88	**12.36**	6.83	1.31	−4.21	−9.73
12	27.20	24.19	21.23	18.47	15.71	12.95	10.19	**7.43**	4.67	1.91
24	17.36	15.85	14.38	13.00	11.62	10.24	8.86	**7.48**	6.10	4.71

按照"改进的平均排除法"［式（5.5）］，可以快速计算出不同情景下的排涝流量（表 5.3）；从表 5.3 可以看出，随着蓄涝水面率的逐渐减小，设计排涝流量呈增加趋势；特别是在蓄涝水面率较小时，不同暴雨历时的排涝流量需求差异随着水面率的减小而快速增加，这也说明，在蓄涝水面率偏低的情况下，排涝设施对短历时强降雨的适应性在快速减弱。

同时，根据式（5.6）可以计算出相应情景下的设计调蓄水深（表 5.4）。表 5.2～表 5.4 当中的黑体字部分，表示该暴雨历时与水面率组合条件下，不适合采用常规的平均排除法进行排涝流量计算。高水面率条件下，采用"改进的平均排除法"确定的排涝流量，实际上取决于式（5.4），按照"2 日暴雨 2 日排净"（不扣除调蓄量）来控制，以便在 2日末恢复调蓄库容，应对后续降雨。但是，排涝流量提升可以相应地减小调蓄水深（表5.4）。

表 5.3	不同排涝情景时的设计排涝流量（"改进后"，20 年一遇）								单位：m³/s
暴雨历时/h	调蓄水面率								
	0.84%	1.93%	3%	4%	5%	6%	7%	8%	9%	10%
0.75	137.86	89.71	48.36	28.18	17.88	12.95	10.93	10.93	10.93	10.93
1.50	96.09	72.02	48.36	28.18	17.88	12.95	10.93	10.93	10.93	10.93
3	63.09	51.05	39.22	28.18	17.88	12.95	10.93	10.93	10.93	10.93
6	40.85	34.83	28.92	23.40	17.88	12.95	10.93	10.93	10.93	10.93
12	27.20	24.19	21.23	18.47	15.71	12.95	10.93	10.93	10.93	10.93
24	17.36	15.85	14.38	13.00	11.62	10.93	10.93	10.93	10.93	10.93

表 5.4	不同排涝情景时的设计调蓄水深（"改进后"，20 年一遇）								单位：m
暴雨历时/h	调蓄水面率								
	0.84%	1.93%	3%	4%	5%	6%	7%	8%	9%	10%
0.75	1.50	1.50	1.43	1.25	1.07	0.92	0.80	0.70	0.62	0.56
1.50	1.50	1.50	1.50	1.47	1.31	1.15	1.01	0.88	0.78	0.70
3	1.50	1.50	1.50	1.50	1.48	1.34	1.19	1.04	0.93	0.83
6	1.50	1.50	1.50	1.50	1.50	1.47	1.34	1.17	1.04	0.94
12	1.50	1.50	1.50	1.50	1.50	1.50	1.44	1.26	1.12	1.01
24	1.50	1.50	1.50	1.50	1.50	1.37	1.18	1.03	0.92	0.82

基于表 5.3 与表 5.4 中的相关成果，根据式（5.7）选择与"设计调蓄水面率"相应的"设计暴雨历时"；进而得出设计排涝流量与调蓄水深（表 5.5）。可以看出在，本案例中，当水面率较低（6% 及以下）时，需要通过调整排涝流量来适应短历时强降雨；当水面率较高（7%～10%）时，则可以通过调整"设计调蓄水深"来适应短历时强降雨。比如，当"蓄涝水面率"为 9%、"设计暴雨历时"为 24h 时，设计流量为 10.93m³/s、设计调蓄水深为 0.92m，排涝过程中会出现超过设计调蓄水深现象；根据式（5.7），可以选择"设计暴雨历时"为 12h，设计调蓄水深就调整为 1.12m，即可改善城市排涝效果。

表 5.5	沙井排涝片不同蓄涝水面率的设计指标一览表（20 年一遇）									
调蓄水面率	0.84%	1.93%	3%	4%	5%	6%	7%	8%	9%	10%
设计暴雨历时/h	3	3	3	3	6	12	12	12	12	12
设计排涝流量/(m³/s)	63.09	51.05	39.22	28.18	17.88	12.95	10.93	10.93	10.93	10.93
设计调蓄水深/m	1.50	1.50	1.50	1.50	1.50	1.50	1.44	1.26	1.12	1.01

5.3.2 基于 MIKE 模型的数值模拟与讨论

5.3.2.1 基于 MIKE 的耦合模型构建、率定与相关运行工况

本书采用 MIKE 软件构建雨洪模型，关于此模型构建的文章很多[20-22]；本书不再赘述其构建与率定过程，仅简要介绍一下排涝系统运行工况的设置。

（1）采取前文的"集中强降雨"雨型。

（2）将最低调蓄水位 16.5m 设计为初始水位；将泵站机组分 3 档启停。第一档排涝流量占 50%，第二档占 25%，第三档占 25%；24h 排涝过程分析时，第一档 17.0m 起排、16.9m 停机，第二档 16.8m 起排、16.7m 停机，第三档 16.6m 起排、16.5m 停机；高水面率的 72h 排涝过程分析时，第一档 16.7m 起排、16.6m 停机，第二档 16.65m 起排、16.55m 停机，第三档 16.6m 起排、16.5m 停机。

（3）选择水面率分别为 1.93%、5%、9% 情形下，按照方法改进前后的设计成果，设置 6 个模拟工况（模拟降雨时长为 24h）；另外，鉴于大水面率下的排涝装机较小，腾出库容的时间较长，增设 2 个 48h 的模拟工况，详见表 5.6。

表 5.6   沙井电排区排涝系统模拟工况中的主要参数

调蓄水面率	1.93%		5%		9%			
计算方法	常规	改进	常规	改进	常规	改进	常规	改进
模拟降雨历时/h	24.00	24.00	24.00	24.00	24	24	48	48
排涝流量/(m^3/s)	15.85	51.05	11.62	17.88	6.10	10.93	6.10	10.93
工况代码	Ⅰ	Ⅱ	Ⅲ	Ⅳ	Ⅴ	Ⅵ	Ⅶ	Ⅷ

5.3.2.2 城市排涝流量设计方法改进前后的排涝进程分析

1. 设计方法改进前后排涝进程的主要参数对照

表 5.7 列出设计方法改进前后的设计流量及相应排涝进程的主要特征参数。可以看出，新方法可以将泵站前池最高水位控制到设计调蓄水位以下，并且可以大幅减少高水位的持续时间，从而减轻对市政排水系统的影响；24h 末的前池水位控制得更低，有利于后续排涝。

表 5.7   设计方法改进前后的主要参数对照表

蓄洪率	常规计算成果				改进计算成果			
	设计流量/m^3/s	泵站前池峰值		24h 末前池水位/m	设计流量/m^3/s	泵站前池峰值		24h 末前池水位/m
		水位/m	时间			水位/m	时间	
1.93%	15.85	19.17	526	17.11	51.05	17.93	128	16.51
5%	11.62	17.93	10.43	17.52	17.88	17.6	529	16.57
9%	6.1	17.64	21.35	17.61	10.93	17.36	11.06	17.18

2. 设计方法改进前后的排涝进程（24h）对比分析

图 5.3（a）所示为Ⅰ、Ⅲ、Ⅴ工况下的排涝进程。可以看出，因为常规"平均排除法"得出的排涝流量偏小，导致雨洪峰值高，高水位（17.5 以上，下同）持续时间长。低水面率（Ⅰ工况）条件下，最高泵站前池水位达到 19.17m，严重影响市政排水系统的运行效率，城区积水严重。更高水面率（Ⅲ、Ⅴ工况）的条件下，由于排涝流量偏小，峰值之后的涝水排除速度也较慢，高水位的持续时间偏长，而且腾空库容的时间长；24h 末的水位分别处在 17.52m 和 17.61m 的较高水位，对城区积水的影响依然较大。

图 5.3（b）所示为Ⅱ、Ⅳ、Ⅵ工况下的排涝进程，可以看出，随着"改进的平均排除法"设计排涝流量的增大，泵站前池最高水位普遍下降，高水位持续时间减小。低水面率（Ⅱ工况）条件下，最高泵站前池水位只有 17.93m，低于设计调蓄水位（18.0m）；同

时，强大的外排能力可以在较短的时间内将前池水位控制下来，高水位持续时间大为减小。较高水面率（Ⅳ工况）条件下，削峰能力得到加强，泵站前池最高水位进一步降低，前池最高水位为 17.60m，高水位持续的时间大为减少；而且随着外排能力的增加，腾空库容速度加快，24h 末的水位降至 16.57m，基本完成腾空库容的任务；高水面率（Ⅵ工况）条件下，削峰能力更强，前池最高水位为 17.36m，受外排能力影响，24h 末的水位降至 17.18m，当日不能完成腾空调蓄库容任务（按 2 日暴雨 2 日排净设计）。

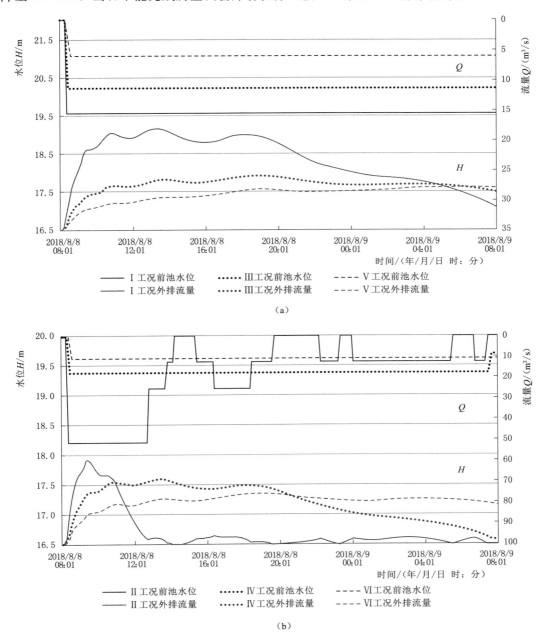

图 5.3　"平均排除法"改进前后的不同水面率条件下排涝进程

3. "高水面率"条件下的排涝进程（48h）对比分析

"高水面率"的排涝优势是强大的削峰能力，更容易适应短历时强降雨的冲击；但是，相对偏低的外排能力，影响到调蓄库容的腾空效率。因此，为了进一步验证改进的方法在"高水面率"下的可靠性，在前述 24h 雨型的基础上构建出同频率的 48h 复合雨型（图5.4），并进行 48h 排涝进程的模拟。

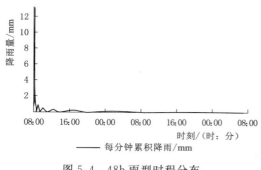

图 5.4　48h 雨型时程分布

从图 5.5 可以看出，按常规平均排除法得出的排涝方案Ⅶ，虽然可以依靠调蓄能力强的优势，将泵站前池最高水位控制在 17.64m，减小对市政排水系统的影响；但是，由于设计排涝流量过小，到 2 日末，泵站前池水位还是 17.33m，还有大部分调蓄库容未腾出，不利于后续降雨的应对。但是，按照改进的方法得出的排涝方案Ⅷ，排涝能力有所提升，泵站前池最高水位控制在 17.36m，不影响市政排水系统；至 2

日末，泵站前池水位 16.5m，完成腾空调蓄库容，不影响后续设计标准内暴雨的应对。

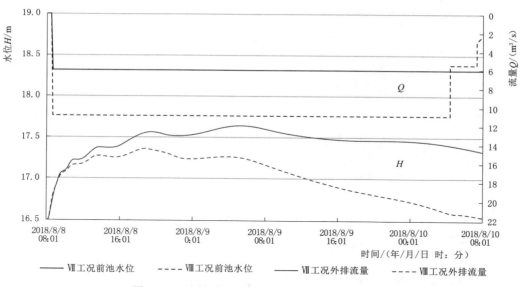

图 5.5　不同方案的排涝进程（48h，9％蓄涝率）

4. 关于"集中强降雨"的雨型

为了更好地展现改进的思路和雨洪模拟的需要，利用水文部门不同历时暴雨的系列统计成果，构建出的"集中强降雨"雨型，能够直观地看到每个暴雨历时后续的不同时段内可能最大降雨（基于同频率的暴雨成果）；从而针对"小排蓄比"的症结，基于雨洪过程作相应的改进，协调较短历时的设计暴雨及其后续降水过程中的"排蓄关系"。

从雨洪数值模拟的角度，本书希望基于相同的 24h 雨型来观察不同设计方案的排涝过程，通过泵站前池最高水位及高水位持续时间（直接影响市政排水系统的效率）的大小来比较各方案的优劣；当然，本书构造的雨型是一种偏不利的时程分布，但更有利于不同时间尺度下的排涝能力设计与复核。

另外，基于参数耦合的城市排涝流量设计方法的要点，是在全景展现关键参数与设计指标关系的基础上，寻找适合当地暴雨特性与排涝基础条件的"设计暴雨历时"与"蓄涝水面率"；排涝流量等指标的计算还是基于设计时段的"水量平衡"；所以该方法得出的设计指标依然取决于研究区域不同历时的暴雨成果与排涝基础条件，并不受暴雨时程的影响。

5.4 小结

（1）基于暴雨过程控制的"改进的平均排除法"，可以协调较短历时设计暴雨及其后续降水过程中的"排蓄关系"，从而弥补常规方法中"当设计暴雨历时较小或者蓄涝水面率较高时，计算结果容易出现'小排蓄比'，甚至负数"的缺陷，实现关键参数耦合效应的快速计算。

（2）基于参数耦合的城市排涝流量设计方法是利用上述成果，合理确定"设计调蓄水面率"及与之相应的"设计暴雨历时"，进而量化排涝流量、调蓄水深等设计指标；可以解决常规方法中"当蓄涝水面率较低、设计暴雨历时较长时，计算结果偏小，难以适应短历时集中强降雨"的问题。

（3）基于参数耦合的城市排涝流量设计方法得出的计算结果更加符合实际排涝需求；新方法确定的排涝流量，削峰能力得到加强，泵站前池最高水位控制在设计调蓄水位以内，高水位持续的时间大为减少，腾空库容速度加快。

（4）对于蓄涝水面率偏低的城市排涝区域，设计降雨历时宜选用3~6h；同时，应结合老城改造、新城未利用土地的调整等途径，恢复部分水面、洼地，适度增加城市水面率，增加内涝防治系统应对短历时强降雨的"韧性"，有利于城市治涝效果的提升。

（5）对于蓄涝水面率较高的城市排涝区域，按新方法确定的排涝流量，实际上是由"不扣除调蓄量"的"X日暴雨X日排净"来控制，以便在X日末恢复调蓄库容，迎接下一场暴雨袭击；各地可结合排涝区域对内涝的耐受能力确定相应的"X"值，同时注意短历时设计调蓄水深的复核。一般情况下，在蓄涝水面率较高的区域，调蓄水深的需求会降低，"竖向约束"会缓解，蓄涝系统的"韧性"得到提高。

参 考 文 献

[1] 程晓陶. 防御超标准洪水需有全局思考 [J]. 中国水利，2020 (13)：8-10.
[2] 黄国如，罗海婉，卢鑫祥，等. 城市洪涝灾害风险分析与区划方法综述 [J]. 水资源保护，2020，36 (6)：1-6.
[3] 贾绍凤. 我国城市雨洪管理近期应以防涝达标为重点 [J]. 水资源保护，2017，33 (2)：13-15.
[4] 谢华，黄介生. 城市化地区市政排水与区域排涝关系研究 [J]. 灌溉排水学报，2007，26 (5)：10-13.

［5］　谢映霞. 从城市内涝灾害频发看排水规划的发展趋势［J］. 城市规划，2013，37（2）：45-50.

［6］　高学珑. 城市排涝标准与排水标准衔接的探讨［J］. 给水排水，2014，50（6）：18-20.

［7］　张翔，廖辰旸，韦芳良，等. 城市水系统关联模型研究［J］. 水资源保护，2021，37（1）：14-19.

［8］　姜仁贵，解建仓. 城市内涝的集合应对体系［J］. 水资源保护，2017，33（1）：17.

［9］　中华人民共和国水利部. SL 723—2016 治涝标准［S］. 北京：中国水利水电出版社，2016.

［10］　中华人民共和国住房和城乡建设部. GB 51222—2017 城镇内涝防治技术规范［S］. 北京：中国计划出版社，2017.

［11］　中华人民共和国住房和城乡建设部. GB 51174—2017 城镇雨水调蓄工程技术规范［S］. 北京：中国计划出版社，2017.

［12］　聂大鹏. 简化的推理公式在辽宁省无资料地区小流域设计洪水计算中的应用研究［J］. 水利规划与设计，2020（5）：44-48

［13］　黄国如，李立成，黄纪萍. 城镇小流域设计洪峰流量计算方法研究［J］. 水资源与水工程学报，2014，25（8）：35-38.

［14］　董秀颖，刘金清，叶莉莉. 特小流域洪水计算概论［J］. 水文，2007（5）：46-48.

［15］　钱磊. 城区小流域设计洪水计算方法探讨［J］. 上海水务，2017，33（4）：23-25.

［16］　张小潭，孙秋戎. 基于推理公式原理的小流域洪水计算方法异同分析［J］. 水利技术监督，2019（3）：185-188.

［17］　王全金，唐朝春，管晓涛. 给水排水管道工程［M］. 北京：中国铁道出版社，2001.

［18］　蒲秉华. 无资料流域"降雨-径流"计算研究［D］. 兰州：兰州理工大学，2019.

［19］　唐明，许文斌. 基于情景模拟的城市雨洪联合调度策略［J］. 中国农村水利水电，2020（8）：76-81.

［20］　刘晗，王坤，候云寒，等. 基于 MIKE11 的山丘区小流域洪水演进模拟与分析［J］. 中国农村水利水电，2019（1）：63-69.

［21］　郭聪，施家月，张亚力，等. 一、二维耦合模型在茅洲河水环境治理中的应用［J］. 环境影响评价，2019（4）：59-62.

［22］　张旭兆，林蓉璇，徐辉荣，等. 基于 MIKE URBAN 的广州市东濠涌片区暴雨内涝模拟研究［J］. 人民珠江，2019（7）：12-17.

6 蓄涝水面率的分区研究

6.1 引言

自 2010 年以来，我国洪灾总损失再次达到了 20 世纪 90 年代的量级，而损失最重的几年恰恰也是受淹城市最多的年份[1]。根据《中国水旱灾害统计公报》的统计数据，2006—2017 年全国平均每年有 157 座县级以上城镇进水受淹或发生内涝。虽然大多城市结合已有的湖泊、洼地和沟塘，设置城市蓄涝区；然而，侵占河湖洼地、拓展城市空间，是很多城市城镇化快速发展中的既往选择[2-3]；因此，城市水面萎缩，区域不透水面积迅速增大，城市暴雨洪涝风险增大、灾害加重，都是这些城市的通病[4-9]。

2013 年 12 月 12 日，中央城镇化会议上提出"建设自然积存、自然渗透、自然净化的'海绵城市'"，拉开了我国海绵城市建设的序幕；然而，近些年城市内涝越来越严重，海绵城市受到种种质疑；郑州 7·20 暴雨以后，对海绵城市的质疑声再起。实际上，从城市内涝防治的角度，"渗、滞、蓄、净、用、排"多管齐下的海绵城市建设理念本身并没有问题；但对于城市暴雨，关键措施还是"蓄"与"排"。排涝流量设计时，设计排涝流量受调蓄容积制约，而设计蓄涝容积取决于"蓄涝水面率"与"允许蓄涝水深"的共同作用。但是，大多数易涝城市都是濒海临江、依河傍湖，城市竖向空间紧凑，"允许蓄涝水深"有限；因此，"蓄涝水面率"成为制约排涝流量设计大小与治涝效果的关键因素。

目前，不论水利部牵头编制的《治涝标准》，还是住建部门牵头编制的《室外排水设计规范》《城镇雨水调蓄工程技术规范》等，都对蓄涝有所规定[10-12]；自然水体之外，能够调节雨洪的调蓄设施也在不断增加。但是，不同规范当中，"蓄""滞"内涵不尽相同；造成纳入雨洪调蓄范畴的设施各异，"滞涝"与"蓄涝"、"城市水面率"与"蓄涝水面率"等概念容易混淆。那么，城市蓄涝水面率如何核算？水面率等蓄涝参数的选择，又是如何影响城市内涝防治效果？不同蓄涝参数对短历时强降雨、长历时连续暴雨的适应能力又如何？这些问题困扰着很多易涝城市。

关于水面率的概念，郭元裕等早在 20 世纪就将其定义为"区域内河湖的水面面积与区域总面积之比"，并指出究竟留多大水面为宜是个尚待解决的问题[13]；2004 年，王超提出了适宜水面面积的概念[14]；随后，何俊仕等在此基础上提出了城市合理水域率的概念，认为建设城市水域所获得的综合效益最大时的水域率即为合理的、适宜的，综合效益包括经济收益、生态和社会效益[15]；贺新春等建立了函数模型，从边际效益和边际成本的角度分析了满足水资源条件的城市适宜水域面积[16]；2019 年，李春晖等提出，水域率不应该仅停留在水体表面面积之比的研究中，要结合其功能考虑水体垂向的深度，从三维的角度进行整体研究[17]。

从水域的行洪排涝功能出发，张志飞等提出协调区域内水域的滞蓄能力和水利工程的排涝能力，从而确定出基于行洪排涝的合理水域率[18]；张俊等提出在恢复水系格局的基础上恢复适宜水面率，应根据城市发展需求综合确定水面率，推出试点案例适宜的、可恢复的水面率为 8.0%[19]；史书华等探究了城市调蓄能力与水系结构之间的定量化关系，特别是与水面率之间的定量相关关系[20]；赵璧奎等提出，以集雨区域为空间单元，以河湖水系水位涨幅为控制性指标，建立区域降雨与水系水位安全调蓄变幅的数学模型，推求满足径流控制要求的适宜水面率[21]；盛子涵等针对圩垸地区的城市排涝问题，以城市圩区排蓄工程总费用现值最小为目标函数构建非线性数学模型，采用罚函数法进行求解泵站外排能力、水面率等决策变量[22]。

可以看出，不同时期的专家为丰富城市水面（域）率的内涵作了很多研究；但是，随着城市内涝防治力度的加大，城市蓄涝设施类型更加丰富、调蓄深度差异加大，还需要进一步拓展城市蓄涝率的概念，明确城市蓄涝水面率的核定方法。另外，在满足城市行洪排涝需求的适宜水面率方面，现有成果主要集中在排涝、经济、社会等多个决策目标的适宜水面率优化方面，缺乏对城市"蓄涝水面率"通用评价的研究；而且缺少对现行规范越来越强调的设计"暴雨历时"的呼应，没有对不同设计"暴雨历时"下的"蓄涝水面率"需求展开研究。

为了破解城市排涝规划设计中"蓄涝水面率""暴雨历时"（以下简称"关键参数"）选择难题，第 5 章曾经提出"基于关键参数耦合效应的城市排涝设计方法"（以下简称"新方法"），可以通过"平均排除法"的改进，快速确定不同"蓄涝水面率"与"暴雨历时"耦合条件下的设计排涝流量 Q_{ij_d}、实际调蓄水深 H_{ij_d}，并据此确定具体蓄涝水面率 α_j 下的"设计暴雨历时"t_{ij_d}、设计排涝流量 $Q_{ij_dj_d}$、设计调蓄水深 $H_{ij_dj_d}$（以下简称"计算成果"），从而全景展现"关键参数"与设计指标之间的关系。本书基于上述"计算成果"，继续研究蓄涝水面率选择对城市内涝防治效果影响，并讨论城市蓄涝水面率的分区指标与分区阈值问题。

6.2 研究方法

6.2.1 城市蓄涝水面率的概念辨析与核算方法

6.2.1.1 城市"蓄涝"与"滞涝"的差异

《治涝标准》[10] 中，将"蓄涝水面率"定义为涝区内滞蓄涝水区域的水面面积占涝区总面积的百分比，并将涝区内可以滞蓄涝水的坑塘、洼地、河道、湖泊等纳入到滞涝区（蓄涝区）的范畴。可以看出，现行规范中并没有严格区分"蓄涝"与"滞涝"的概念。

实际上，蓄滞洪区也是我国河流防洪体系的重要组成部分；但"蓄洪"与"滞洪"有着明确的功能区分。"蓄洪"是指将进洪设施分泄的洪水直接或经分洪道进入湖泊或洼地围成的区域蓄存起来，在河流、湖泊水位回落后再将蓄洪区的水量泄放出去。"滞洪"则是指为短期阻滞或延缓洪水行进速度而采取的措施，其目的是与主河道洪峰错开；滞洪区具有"上吞下吐"的能力，其容量只能起到短期阻滞洪水的作用。

在城市排涝泵站流量设计时，通常考虑"在某个设定的排涝时间内，排除设计暴雨条件下的设计排涝量"。"设计排涝量"是指"在设计暴雨产生的净雨量中扣除被调蓄的涝水"；而且这一部分"被调蓄的涝水"要在设定的排涝时间之外排放。也就是说，纳入城市排涝系统，起到调蓄作用的"蓄涝"设施，应该类似河流防洪系统中的"蓄洪区"，能够根据雨洪调度需要控制涝水的蓄积与排放。

因此，即使如《海绵城市建设技术指南》规定：保护、恢复和改造城市建成区内河湖水域、湿地并加以利用，因地制宜建设雨水收集调蓄设施等为了降低径流峰值流量的措施定义为"蓄"[23]；也需要进一步对城市雨洪调蓄设施的涝水"可控"性作出要求。

6.2.1.2　城市蓄涝设施的类别拓展

21世纪以来，城市内涝加重问题得到高度关注，城市内涝防治系统建设力度不断加强，能够调节雨洪的调蓄设施也在不断增加，"调蓄"范畴超出了常规计算的"自然水体"范围。正如《城镇内涝防治技术规范》规定的那样，调蓄设施已经广泛布置在源头减排设施、排水管渠设施和排涝除险设施当中，包括城镇水体、城市绿地、广场、调蓄池等设施[24]。

而且，并不是所有"蓄涝设施"的蓄水空间都能纳入"调蓄"范围。比如，下凹式绿地、植草沟、部分调蓄池等，是为了延缓径流峰现时间而修建的"滞涝"工程，一般情况下，难以根据雨洪调度需要控制涝水的蓄积与排放，降低设计排涝时间内排涝总量的效果不明显。同样，部分没有控制设施的坑塘、河道、湖泊，也只能看作具有"滞涝"的功能。

6.2.1.3　城市蓄涝水面率的定义与核定方法

预留"调蓄容积"的主要作用是削减雨洪峰值流量[25]、降低设计排涝时间内排涝总量，平衡市政排水系统短历时"快速收集"与水利排涝系统长历时"平均排除"之间的矛盾。因此，城市排涝系统中的"调蓄容积"是指具备涝水蓄积与排放控制能力的自然水体、广场等各种调蓄设施在暴雨应对过程中，可以根据雨洪调度需要预留出来的"调蓄容积"总和。

一般来讲，无法调控的洼地、水面，以及用作污水调蓄用途的调蓄池，均不应纳入"调蓄容积"计算范围。另外，由于不同水体与调蓄设施的实际调蓄水深存在差异，还需要考虑水体垂向的影响，从三维的角度进行整体考量；按主要调蓄水体的"设计蓄涝水深"折算出区域"等效蓄涝面积"。

城市"蓄涝水面率"则是指"等效蓄涝面积"占排涝区域面积的比例。计算公式为

$$\alpha_{蓄} = \frac{S_{等效蓄涝}}{100S} = \frac{V_{调蓄}}{100h_{设计调蓄} \cdot S} = \frac{\sum V_{可调水体} + \sum V_{可调设施}}{100h_{设计调蓄} \cdot S} \tag{6.1}$$

式中　$\alpha_{蓄}$——区域蓄涝水面率，%；

S ——排涝区域面积，km^2；

$S_{等效蓄涝}$ ——等效蓄涝面积，hm^2；

$V_{调蓄}$ ——城市排涝系统的调蓄容积，万 m^3；

$h_{设计调蓄}$ ——主要调蓄水体的设计调蓄水深，m；

$V_{可调水体}$ ——具有水量调节工程设施、能够人为控制水位的水体可调蓄容积，万 m^3；

$V_{可调设施}$ ——能够人为控制水位的雨洪调蓄设施的可调蓄容积，万 m^3。

6.2.2 蓄涝水面率选择对城市治涝效果的影响分析

6.2.2.1 设计蓄涝水面率偏低对城市治涝效果的影响

水面被挤占，是各地在城市化进程中暴露出来的通病。由于没有严格、合理的蓄涝水面率控制标准，各地往往寄希望于增加排涝流量来弥补蓄涝能力的不足；但是，由于没有理清城市排涝流量与暴雨历时、蓄涝水面率、蓄涝水深的关系，相应的增容方案应对强降雨的能力往往还是不足，"逢雨即涝"问题普遍存在。其中，最主要的原因是当蓄涝水面率偏小时，内涝防治系统适应短历时强降雨的能力偏弱；降雨集中期，内涝防治系统间的"竖向约束"明显；非降雨集中期，机组利用率低。

6.2.2.2 设计蓄涝水面率偏高对城市治涝效果的影响

在我国南方丰水型地区，部分城市河湖众多，蓄涝水面率较高，雨洪调蓄能力强，内涝防治系统适应短历时强降雨能力好；非降雨集中期，机组利用率也很高。但是，如果设计蓄涝水面率偏高，导致"排蓄比"偏小，会出现泵站外排能力偏弱的缺陷；遇到长历时连续强降雨时，在蓄涝区聚集过多的城市雨洪，实际调蓄水深过高，同样对市政排水系统造成严重的"竖向约束"问题。

例如，"百湖之市"武汉，在 2016 年遭遇长历时的暴雨袭击，汤逊湖和南湖地区雨量站的周降雨量均突破历史极值，达到 565.7 ～ 719.1 mm；湖水满溢，顶托周边，出现严重溃水，持续近一个月，引起社会的普遍关注和业界的热议[26]。2016 年以后，在着力恢复湖泊自然调蓄能力的同时，武汉市加强外排泵站建设，提升抽排能力，到 2020 年汛前，城区泵站抽排能力达到 $1960m^3/s$，比 2016 年增加一倍。2020 年汛期，城区没有发生大面积、长时间内涝积水，未出现"城市看海"现象[27]。

6.2.2.3 城市蓄涝水面率合理区间的选择

蓄涝水面率适宜，则城市内涝防治系统适应短历时强降雨能力较好，"竖向约束"得到控制；非降雨集中期，机组利用率也较高；进一步提升应对短历时强降雨能力，增加的排涝机组的代价适中，比较经济。《治涝标准》提出"涝区的蓄涝水面率不宜小于 5%～10%，南方丰水涝区不宜小于 8%～12%，水网圩区不宜小于 10%～15%，现状蓄涝水面率已超过上述标准的应控制不减少"[10]。

但是，我国幅员辽阔，各地暴雨特征差异较大；受地形地貌、土壤地质等因素的影响，区域涝水特性差异也较大；不同区域对涝水的耐受程度也不一样。因此，考虑存在的区域差异，不宜按照固定区间规范城市蓄涝率；应当考虑各地暴雨特征、涝水特性等因素，根据蓄涝水面率对城市排涝的影响大小，因地制宜地设定具有自身特点的阈值区间，将蓄涝水面率划分为紧张区、适宜区和宽松区。

6.2.3 城市蓄涝水面率的分区指标与分区阈值

6.2.3.1 城市蓄涝水面率分区计算的基础数据

在现行规范推荐的"3~24h"设计暴雨历时范围内，按照"半步长"规则进一步细化设计暴雨历时，增加 2 个超短历时，形成 6 个计算时段（即：$t_1=45\text{min}$、$t_2=90\text{min}$、$t_3=3\text{h}$、$t_4=6\text{h}$、$t_5=12\text{h}$、$t_6=24\text{h}$）；运用"新方法"快速计算出"蓄涝水面率"与"暴雨历时"耦合条件下的设计指标成果表；再据此确定具体蓄涝水面率下的"设计指标"。现基于上述"计算成果"（表 5.3 和表 5.4），引入相应的分区指标，量化城市蓄涝水面率对区域排涝效果的影响；并结合分区指标的数值差异确定水面率的分区阈值。

6.2.3.2 城市蓄涝水面率的分区指标

（1）超短历时受淹指标的定义与计算。一般来讲，相同蓄涝水面率条件下，城市设计暴雨历时越短，相应地设计排涝流量越大，应对短历时集中强降雨的能力也较强，区域受淹范围、时长或概率均较小。实践中，当蓄涝水面率较低且设计暴雨历时偏长时，"设计排涝流量"计算结果偏小，难以适应短历时集中强降雨。引入超短历时受淹指标 ξ，量化排涝区受到"45min、90min"设计暴雨冲击下的受淹程度。公式如下

$$\xi_{j_d} = \left(\frac{1}{2} \sum_{i=1}^{2} \left(\frac{Q_{ij_d} - Q_{i_d j_d}}{Q_{j_d}} \right)^2 \right)^{\frac{1}{2}} \tag{6.2}$$

式中 ξ_{j_d}——设计蓄涝水面率 α_{j_d} 条件下的超短历时受淹指数；

     Q_{ij_d}——蓄涝水面率 α_{j_d} 与不同暴雨历时 t_i 耦合条件下的排涝流量，m^3/s；

     $Q_{i_d j_d}$——蓄涝水面率 α_{j_d} 条件下的设计排涝流量，m^3/s。

$\xi \geq 0$ 时，蓄涝水面率越低，超短历时的排涝流量需求与设计值之间的差异越大，ξ 越大；区域应对集中强降雨的能力越弱。$\xi=0$ 时，说明某些耦合条件下计算出的设计指标，能够应对超短历时强降雨，比如，蓄涝水面率越高，调蓄能力越强，适应短历时强降雨的能力就越强。

（2）排涝流量效率指标的定义与计算。降低"设计暴雨历时"，可以有效增加设计排涝能力，提升调蓄能力弱的地区应对集中强降雨的能力；但是，在非集中降雨期，机组利用率会相应降低。不同蓄涝水面率条件下，通过降低"设计暴雨历时"提升的设计排涝流量幅度也不同，非集中降雨期的机组利用率就不同。为了量化"暴雨历时"变化对排涝机组利用率带来的影响，引入排涝流量效率指标 η。公式如下

$$\eta_{j_d} = \frac{1}{4} \sum_{i=3}^{6} (Q_{ij_d} / Q_{i_d j_d}) \tag{6.3}$$

式中 η_{j_d}——设计蓄涝水面率 α_{j_d} 条件下的排涝流量效率指数。

式中，$0 < \eta \leq 1$。蓄涝水面率越高，不同"暴雨历时"对应的设计排涝流量之间差异越小，η 越小；单位排涝流量的提升对适应短历时强降雨的效率就越高；在非集中降雨期，机组利用率也较高。$\eta=1$，说明按照不同暴雨历时得出的设计排涝流量都相等；此时，蓄涝水面率较高，"规定时间内腾空调蓄库容"逐渐成为排涝流量的控制因素。

（3）蓄涝水深弹性指标的定义与计算。为了保障场地与道路、排水管网三者竖向衔接关系，住建部门修订了《城乡建设用地竖向规划规范》，从用地竖向高程上对防洪排涝做

了专门的规定[28]；但是，实践当中往往存在"忽视竖向规划"问题，采用一些常规方法来布置管网与泵站，与其他系统的竖向衔接做得不够；排涝设计时，将允许调蓄水深用足，导致城市蓄涝区调蓄雨洪的弹性不足，排涝过程中的超蓄给市政排水与水利排涝系统带来严重的"竖向约束"。引入蓄涝水深弹性指标 ζ，量化蓄涝区水位波动对其他城市系统的竖向影响。公式如下：

$$\zeta_{j_d} = 1 - \frac{1}{4}\sum_{i=3}^{6} h_{ij_d}/h_{允}$$ (6.4)

式中 ζ_{j_d}——设计蓄涝水面率 α_{j_d} 条件下的涝水深弹性指数；

h_{ij_d}——蓄涝水面率 α_{j_d} 与不同暴雨历时 t_i 耦合条件下的设计调蓄水深，m。

$\zeta \geq 0$ 时，蓄涝水面率越高，同一"设计暴雨历时"对应的设计调蓄水深就越小，距离允许调蓄水深就越远，ζ 就越大，区域适应短时强降雨、连续暴雨冲击的能力就越强，对其他系统的"竖向约束"也越小。$\zeta = 0$，说明蓄涝水面率偏低，每一个暴雨历时下的设计调蓄水深都已用足，失去竖向弹性。

6.2.3.3 城市蓄涝水面率的分区阈值

根据式（6.2）～式（6.4），计算出不同蓄涝水面率条件下的分区指标。可以根据 3 个分区指标的数值特征，将蓄涝区水面率划分为紧张区、适宜区和宽松区共 3 个等级；不同等级蓄涝水面率的分区指标具有如下的特征组合：

$\xi > 0$，$\eta < 1$，$\zeta = 0$，蓄涝水面率属于"紧张区"；

$\xi = 0$，$\eta < 1$，$\zeta \geq 0$，蓄涝水面率属于"适宜区"；

$\xi = 0$，$\eta = 1$，$\zeta > 0$，蓄涝水面率属于"宽松区"。

在此基础上，将位于"适宜区"的蓄涝水面率上边界 $\alpha_{蓄上}$、下边界 $\alpha_{蓄下}$ 设置为该排水区的蓄涝水面率分区阈值。如果将上边界的 δ 邻域记作 $U(\alpha_{蓄上}, \delta) = \{\alpha_{蓄} | \alpha_{蓄上} - \delta < \alpha_{蓄} < \alpha_{蓄上} + \delta\}$，则上边界 $\alpha_{蓄上}$ 左邻域具有"适宜区"分区指标的组合特征，右邻域具有"宽松区"的组合特征：

$$\begin{cases} \xi = 0, \eta < 1, \zeta \geq 0 & \alpha_{蓄上} - \delta < \alpha_{蓄} < \alpha_{蓄上} \\ \xi = 0, \eta = 1, \zeta > 0 & \alpha_{蓄上} < \alpha_{蓄} < \alpha_{蓄上} + \delta \end{cases}$$ (6.5)

同样，下边界 $\alpha_{蓄下}$ 左邻域具有"紧张区"分区指标的组合特征，右邻域具有"适宜区"的组合特征：

$$\begin{cases} \xi > 0, \eta < 1, \zeta = 0 & \alpha_{蓄下} - \delta < \alpha_{蓄} < \alpha_{蓄下} \\ \xi = 0, \eta < 1, \zeta \geq 0 & \alpha_{蓄下} < \alpha_{蓄} < \alpha_{蓄下} + \delta \end{cases}$$ (6.6)

基于"适宜区"蓄涝水面率上边界、下边界的左、右邻域当中的分区指标的特征组合，确定蓄涝水面率分区阈值。

6.3 案例研究——沙井电排区

6.3.1 基于关键参数耦合效应的沙井电排区主要设计指标

根据沙井电排区内的房屋屋顶、混凝土路面、沥青路面等不透水覆盖面所占面积比重，将该区域综合径流系数 ψ 设为 0.90；以及根据现状管网布置及区域竖向空间规划等因素，将最大允许调蓄深度 $h_{允}$ 设置为 1.5m（影响市政排水的临界水位为 18.0m）。采用水文部门提供的代表站不同历时的 20 年一遇暴雨统计成果 $f(t_i)$，由于治涝区域面积较小，点面折算系数取"1"；设计排涝时长 t_{max} 为 72h，即"3 日暴雨 3d 排净（腾出所有调蓄容积）"。按照"新方法"，计算出不同"关键参数"耦合条件下的所需的排涝流量（表 6.1）与调蓄水深（表 6.2）；以及具体水面率下主要设计指标（表 6.3）。

表 6.1　　　　　　　　　不同排涝情景时的设计排涝流量（20 年一遇）　　　　　单位：m³/s

暴雨历时	调蓄水面率/%									
	0.84	1.93	3	4	5	6	7	8	9	10
45min	137.86	89.71	**48.36**	**28.18**	**17.88**	**12.95**	**10.19**	**8.39**	**8.39**	**8.39**
90min	96.09	72.02	48.36	**28.18**	**17.88**	**12.95**	**10.19**	**8.39**	**8.39**	**8.39**
3h	63.09	51.05	39.22	28.18	**17.88**	**12.95**	**10.19**	**8.39**	**8.39**	**8.39**
6h	40.85	34.83	28.92	23.40	17.88	**12.95**	**10.19**	**8.39**	**8.39**	**8.39**
12h	27.20	24.19	21.23	18.47	15.71	12.95	10.19	**8.39**	**8.39**	**8.39**
24h	17.36	15.85	14.38	13.00	11.62	10.24	8.86	**8.39**	**8.39**	**8.39**

表 6.2　　　　　　　　　不同排涝情景时的设计调蓄水深（20 年一遇）　　　　　单位：m

暴雨历时	调蓄水面率/%									
	0.84	1.93	3	4	5	6	7	8	9	10
45min	1.50	1.50	**1.43**	**1.25**	**1.07**	**0.92**	**0.80**	**0.71**	**0.63**	**0.57**
90min	1.50	1.50	1.50	**1.47**	**1.31**	**1.15**	**1.01**	**0.90**	**0.80**	**0.72**
3h	1.50	1.50	1.50	1.50	**1.48**	**1.34**	**1.21**	**1.09**	**0.97**	**0.87**
6h	1.50	1.50	1.50	1.50	1.50	**1.47**	**1.37**	**1.26**	**1.12**	**1.01**
12h	1.50	1.50	1.50	1.50	1.50	1.50	1.50	**1.43**	**1.28**	**1.15**
24h	1.50	1.50	1.50	1.50	1.50	1.50	1.50	**1.38**	**1.22**	**1.10**

表 6.3　　　　　　　沙井排涝片不同蓄涝水面率的设计指标一览表（20 年一遇）

调蓄水面率/%	0.84	1.93	3	4	5	6	7	8	9	10
设计暴雨历时/h	3	3	3	3	6	12	12	**12**	**12**	**12**
设计排涝流量/(m³/s)	63.09	51.05	39.22	28.18	17.88	12.95	10.19	8.39	8.39	8.39
设计调蓄水深/m	1.50	1.50	1.50	1.50	1.50	1.50	1.50	**1.43**	**1.28**	**1.15**

6.3.2　沙井电排区蓄涝水面率分区计算

根据上述成果、式（6.2）～式（6.7），计算出不同蓄涝水面率的蓄涝分区指标（表 6.4）。并根据式（6.5）、式（6.6）的判定方法，得出沙井电排区的蓄涝水面率分区阈值：适宜区的下边界为 4%、上边界为 7%；从而将该排涝片的蓄涝水面率划分为"紧张区"、"适宜区"和"宽松区"。

表 6.4 不同蓄涝水面率的特征指标（20 年一遇）与分区

调蓄水面率/%	0.84	1.93	3	4	5	6	7	8	9	10
超短历时受淹指标	0.92	0.61	0.23	**0.00**	**0.00**	**0.00**	**0.00**	0.00	0.00	0.00
排涝流量效率指标	0.59	0.62	0.66	**0.74**	**0.88**	**0.95**	**0.97**	1.00	1.00	1.00
蓄涝水深弹性指标	0.00	0.00	0.00	**0.00**	**0.00**	**0.03**	**0.07**	0.14	0.24	0.31
调蓄水面率分区	紧张区			经济区				宽松区		

表 6.4 显示，沙井排涝片现有水面率过小，扩建计划中的蓄涝水面率依然偏低，仍旧处于紧张区。超短历时受淹指标均大于零，指数较高，应对超短历时强降雨的能力较差；排涝流量效率指标偏小，非集中降雨期，机组利用率不高；蓄涝水深弹性指标均等于 0，集中强降雨期，竖向约束较大，制约市政排水系统能力的发挥；还需要继续完善内涝防治系统中调蓄功能。

6.3.3　基于沙井电排区的内涝防治效果模拟

6.3.3.1　模拟工况设置

复合雨型[29] 是在对水利行业"综合雨型"进行"同频"调算的基础上，将适应本地市政系统的"芝加哥雨型"嵌入到综合雨型的最大 1h 降雨当中，构成一种用于城市雨洪模拟的 24h "复合雨型"（其余 23h 按"小时内部均化"处理）；可同步考核"大尺度"水利排涝系统及"小尺度"市政排水系统的可靠性。本案例采用南昌的暴雨强度公式构建芝加哥雨型；雨峰系数采用 0.4，24h "复合雨型"作为 MIKE 软件的输入雨型；另外，为了验证高水面率下的排涝进行，又在此雨型的基础上，对 24h 复合雨型之后的 48h 雨量进行均化处理，构造了一个 72h 的雨型（图 6.1）。

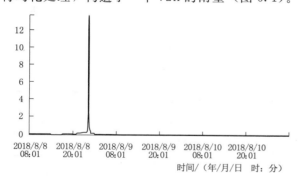

图 6.1　复合雨型时程分布

考虑到待扩建排涝系统将蓄涝水面率提升到 1.93%，即以此水面率作为紧张区的代表；同时，为了验证不同蓄涝水面率分区的内涝防治效果，在对拟建方案（工况Ⅰ）进行雨洪模拟的基础上，增加了 2 个不同排涝流量的虚拟工况（Ⅱ、Ⅲ）；另外，分别选择 5%、9% 作为"适宜区""宽松区"的代表，再设置 4 个虚拟工况（表 6.5）。6 个虚拟工况分别为"平均排除法"改进前后的排涝流量。

表 6.5 沙井电排区排涝系统模拟工况中的主要参数

调蓄水面率	1.93%			5%		9%	
排涝流量/(m³/s)	40.40	15.85	51.05	11.62	17.88	6.10	8.39
工况代码	Ⅰ	Ⅱ	Ⅲ	Ⅳ	Ⅴ	Ⅵ	Ⅶ

6.3.3.2　模拟工况的内涝防治效果分析

（1）"紧张区"排涝进程（24h）对比分析。图 6.2（a）所示为处于水面率紧张区（1.93%）的排涝进程。Ⅱ工况的排涝流量过小，无法应对短历时强降雨，最高泵站前池水位达到 19.37m，严重影响市政排水系统的运行效率。Ⅰ工况的排涝流量（拟定的扩建规模）能够有效削减站前峰值水位；但在应对雨量更为集中的复合雨型时，泵站前池出现较大的过程增高，最高水位达到 18.41m，对市政排水系统运行的影响依然较大。排涝流量进一步增加后（Ⅲ工况），才能将泵站前池峰值水位削减至 18.19m，从而减小承涝水体对市政管网的顶托作用。通过上述 3 个工况的模拟比较，可以看出当蓄涝水面率处于"紧张区"，区域应对超短历时强降雨的能力较差；非集中降雨期，机组利用率不高；集中降雨期，市政排水与水利排涝系统间的"竖向约束"明显。

　　（2）"适宜区"排涝进程（24h）对比分析。图 6.2（b）所示的是处于水面率适宜区（5%）的排涝进程。排涝流量较小的Ⅳ工况，最高泵站前池水位达到 18.25m，对市政排水系统的运行效率有一定影响；排涝流量增加后（Ⅴ工况）；能有效削减泵站前池峰值水位（18.03m），对市政排水系统影响极小。通过两个工况的对比，可以看出当蓄涝水面率处于"适宜区"，增加设计排涝流量，能够有效提高其超短历时强降雨的应对能力；而且提升区域治涝效果，排涝机组的增加幅度不大，相对经济。

　　（3）"宽松区"排涝进程（72h）对比分析。图 6.2（c）所示的是处于水面率宽松区（9%）的排涝进程。高水面率条件下，依靠调蓄能力强的优势，（Ⅵ工况）可以将泵站前池最高水位控制在 17.71m，避免对市政排水系统的影响；但是，由于设计排涝流量过小，到 3 日末，泵站前池水位还是 17.16m，不能腾空调蓄库容，不利于下一场暴雨的应对。当排涝能力小幅提升后，Ⅶ工况即可将泵站前池最高水位控制到 17.62m；至 3 日末，水位进一步降至 16.66m，基本完成调蓄库容腾空任务，不会影响到后续标准内暴雨的应对。可以看出，当蓄涝水面率处于"宽松区"时，强大的调蓄能力，不仅应对短历时强降雨的能力强，而且可以让排涝机组在整场暴雨期间保持持续出力，机组利用率较高；但需

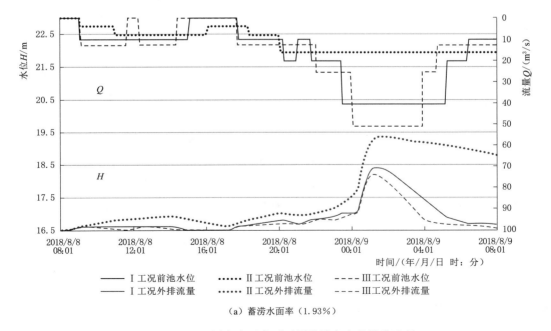

（a）蓄涝水面率（1.93%）

图 6.2（一）　固定水面率下不同设计方案的排涝进程

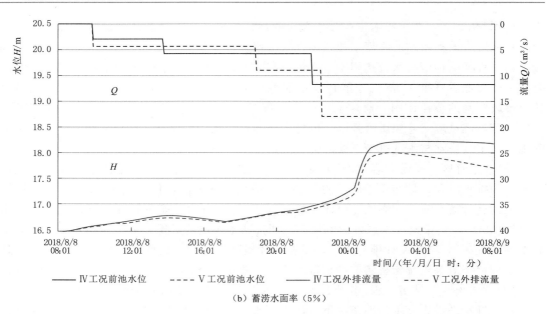

（b）蓄涝水面率（5%）

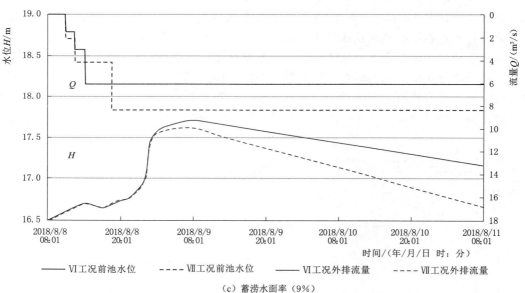

（c）蓄涝水面率（9%）

图 6.2（二）　固定水面率下不同设计方案的排涝进程

要考虑腾空调蓄库容所需要的时间，调整"排蓄比"，克服泵站外排能力偏弱的缺陷，提升区域应对长历时连续强降雨冲击的能力。

6.4　结果讨论

6.4.1　蓄涝水面率分区的治涝特点

沙井电排区的蓄涝水面率分区计算与内涝防治效果模拟表明：

"紧张区"适应超短历时强降雨的能力较差，宜采用 3h 的暴雨成果，按"3h 暴雨 3h 排至设计最高调蓄水位"来计算排涝流量，以提升区域外排能力。但是，单纯靠提升外排能力来改善区域排涝水平的代价还是很高；而且不能完全应对超短历时的强降雨。还需要挖掘用地潜力，通过"渗、滞、蓄"的共同作用实现源头减排；同时，在终端扩大调蓄库容，设法提升蓄涝水面率，增加排涝系统工程应对短历时强降雨的弹性。

"宽松区"调蓄条件优越，设计排涝流量相对较小；只需要复核长历时持续暴雨的应对能力。可按照"长历时暴雨等时段内完全排除（不考虑过程中的调蓄）"的原则计算设计排涝流量；并根据当地的经济条件与内涝的耐受能力，选择合理的区域允许最大排涝时长 t_{max}。超短历时受淹指标等于零，应对短历时强降雨的能力强；排涝流量效率指标均等于 1，强大的调蓄能力，可以让排涝机组在整场暴雨期间保持持续出力；蓄涝水深弹性指标随着水面率提高而增大，"竖向空间"弹性越大，应对超标准或者连续暴雨冲击的能力更强。

"适宜区"介于两者之间，设计排涝流量随着蓄涝水面率和暴雨历时增大而减小。要结合不同暴雨历时下排涝流量需求的快速计算，确定合适的设计暴雨历时（6～12h）。降低暴雨历时，可以增加设计排涝流量；但幅度不大，而且可以有效提高超短历时强降雨的应对能力，提升区域治涝水平的代价也相对经济。有条件的区域，可以适当开展源头减排，提升超标准暴雨的应对效果。

6.4.2 蓄涝水面率分区的影响因素

如前所述，我国幅员辽阔，各地暴雨特征、区域涝水特性差异较大，不同区域对涝水的耐受程度也不一样；应当综合考虑这些因素，设定适合本地禀赋的分区阈值。主要时段暴雨累积量、径流系数直接影响区域净雨量，其差异显然影响到分区结果；此外，"城市的最大允许排涝时长 t_{max}""允许调蓄水深 $h_{允}$"等参数发生变化时，区域蓄涝需求与分区阈值也会发生相应的变化。

6.4.2.1 最大排涝时长 t_{max} 对分区阈值的影响分析

当城市蓄涝水面率较高时，良好的调蓄能力容易造成设计排涝流量偏小的问题；区域允许的最大排涝时长 t_{max} 决定了设计排水流量的大小。假若区域对涝水的耐受程度降低，即 t_{max} 减小，设计排涝流量增加，对调蓄水面率的需求会相应降低，从而造成"适宜区"上边界的减小。

例如，前文案例中 t_{max} 为 72h，得出的区域蓄涝水面率的适宜区为 [4，7]。在其他条件不变的情况下，如果将 t_{max} 设为 48h，即"2 日暴雨 2 日排净"，得出区域蓄涝水面率的适宜区为 [4，6]（表 6.6）。

表 6.6 蓄涝水面率的特征指标（20 年一遇）与分区（$t_{max}=48$h）

调蓄水面率/%	0.84	1.93	3	4	5	6	7	8	9	10
超短历时受淹指标	0.92	0.61	0.23	**0.00**	**0.00**	**0.00**	0.00	0.00	0.00	0.00
排涝流量效率指标	0.59	0.62	0.66	**0.74**	**0.88**	**0.96**	1.00	1.00	1.00	1.00
蓄涝水深弹性指标	0.00	0.00	0.00	**0.00**	**0.00**	**0.05**	0.14	0.25	0.33	0.40
调蓄水面率分区	紧张区			经济区			宽松区			

6.4.2.2 允许调蓄水深 $h_允$ 对分区阈值的影响分析

当城市竖向空间更加紧凑，能够提供给蓄涝水体的竖向波动空间减小，即允许调蓄水深 $h_允$ 减小，对调蓄水面的要求必然提高，从而造成"适宜区"上、下边界同时增加。

例如，前文案例中沙井电排区的 $h_允$ 为 1.5m，得出区域蓄涝水面率的适宜区为 [4，7]。如果在其他条件不变的情况下，将 $h_允$ 设为 1m，得出区域蓄涝水面率的适宜区为 [6，11]（表 6.7）。

表 6.7　　　　　　蓄涝水面率的特征指标（20 年一遇）与分区（$h_允=1m$）

调蓄水面率/%	0.84	1.93	5	6	8	10	11	12	14	16
超短历时受淹指标	0.98	0.80	0.15	**0.00**	**0.00**	**0.00**	**0.00**	0.00	0.00	0.00
排涝流量效率指标	0.58	0.60	0.68	**0.74**	**0.90**	**0.96**	**0.98**	1.00	1.00	1.00
蓄涝水深弹性指标	0.00	0.00	0.00	**0.00**	**0.01**	**0.06**	**0.08**	0.14	0.26	0.36
调蓄水面率分区	紧张区			适宜区				宽松区		

由此可见，允许调蓄水深 $h_允$ 对分区阈值的影响很大；沙井电排区属于南方丰水区，当 $h_允$ 为 1m 时，蓄涝水面率的适宜区为 [6，11]，与《治涝标准》的建议"不宜小于 8%～12%"较为接近；但是，当 $h_允$ 增加到 1.5m 时，其适宜区下调为 [4，7]，则与标准的建议值相差较远。

6.4.2.3 设计暴雨雨型对分区阈值的影响分析

改进的"平均排除法"，本质上还是基于"时段累积雨量"进行相关设计指标的计算，排涝流量、调蓄水深等设计参数的计算结果只取决于当地的时段暴雨量统计分析成果，而与暴雨的时程分布无关；基于这些计算成果的蓄涝水面率分区指标与阈值的计算成果，亦只取决于"时段累积雨量"。

不论是本书采用的"复合雨型"，还是本书构建的"集中强降雨"雨型，都是基于不同视角来复核城市内涝防治系统；但其主要"时段累积雨量"是一致的，并不会影响排涝能力的复核与蓄涝区分区阈值的计算。

6.4.3 蓄涝水面率分区的适用范围与研究展望

6.4.3.1 蓄涝水面率分区方法的适用范围

本书是基于关键参数耦合效应的城市排涝设计方法得出的"计算成果"，引入城市蓄涝水面率的分区指标，提出蓄涝水面率的分区阈值计算方法，将蓄涝区水面率划分为紧张区、适宜区和宽松区。因此，与"平均排除法"适用于小流域的特点一样，本书提出的分区方法同样只适用于具有"小流域"特点的城市排涝片。

不论是基于关键参数耦合效应的城市排涝设计，还是蓄涝水面率分区指标计算，都依赖于当地完备的暴雨资料，需要水文气象部门提供较长系列的不同历时雨量监测数据或统计成果。因此，本方法并不适应于暴雨资料短缺地区。

6.4.3.2 蓄涝水面率分区方法的局限与研究展望

本书基于"适宜区"蓄涝水面率边界的左、右领域中分区指标特征组合差异，确定蓄涝水面率的分区阈值；在实际（或扩建）蓄涝水面率之外，按 1% 设置虚拟步长。受此影响，计算出的"适宜区"上、下边界只是接近理论上的"边界值"；但最大误差不大于1%，能够满足城市内涝防治系统的实际需求。以表 6.7 为例，下边界的"理论值"应当在 5%～6% 之间，上边界的"理论值"也应当在 11%～12% 之间。如果追求更高的精度，还需要通过调整虚拟步长，或者增加上、下边界理论值的逼近计算等方式进行优化。

此外，本书提出的蓄涝水深弹性指标只能较好地刻画"紧张区"与"宽松区"特征；"适宜区"当中，靠近"紧张区"的部分，蓄涝水深弹性指标特征与"紧张区"一致；反之亦然。下一步，还需要加大蓄涝水深方面的研究。

6.5 小结

（1）城市雨洪调节设施不断增加，"调蓄"超出了"自然水体"范畴；不同自然水体与调蓄设施的实际调蓄水深差异较大；同时，由于部分水体与调蓄设施缺乏必要的控制工程，无法在暴雨期间根据排涝调度进行适时的雨洪蓄积与排放，从而影响城市治涝效果。基于"等效蓄涝面积"的核算方法能够更加客观地量化城市"蓄涝水面率"。

（2）蓄涝水面率分区方法，简明有效，便于评价区域蓄涝能力，选择内涝治理方案的优化方向。处在"紧张区"，要着力解决"短历时集中强降雨"的应对问题，尽可能解决排涝进程中超蓄带来的"竖向约束"问题，提升城市蓄涝体系的"韧性"。处在"宽松区"，要着力解决"长历时连续强降雨问题"，尽可能在设定的时间段内腾出所有的调蓄库容，以迎接后续可能的暴雨袭击，更好地发挥城市蓄涝体系的"韧性"。

（3）每个城市的暴雨特性、下垫面特点、区域内涝耐受能力都不相同；不同排涝区域对蓄涝水面率的需求不相同，其相应的分区阈值也不一样。每个城市都可以根据当地暴雨统计成果、地区综合径流系数、允许最大排涝时长、允许调蓄水深等因素，确定符合当地条件的蓄涝水面率分区阈值；从而判定现有蓄涝水面率的适宜程度，针对性地选择相应的城市内涝防治策略。

参 考 文 献

[1] 程晓陶. 防御超标准洪水需有全局思考 [J]. 中国水利，2020（13）：8-10.
[2] 林芷欣，许有鹏，代晓颖，等. 城市化进程对长江下游平原河网水系格局演变的影响 [J]. 长江流域资源与环境，2019，28（11）：2612-2620.
[3] 蒋祺，郑伯红. 城市用地扩展对长沙市水系变化的影响 [J]. 自然资源学报，2019，34（7）：1429-1439.
[4] 张建云，宋晓猛，王国庆，等. 变化环境下城市水文学的发展与挑战：Ⅰ. 城市水文效应 [J]. 水科学进展，2014，25（4）：594-605.
[5] HALLEGATTE S，GREEN C，NICHOLLS R J，et al. Future flood losses in major coastal cities [J]. Nature Climate Change，2013，3（9）：802-806.
[6] AYENI A O，CHO M A，MATHIEU R，et al. The local experts' perception of environmental change and its impacts on surface water in Southwestern Nigeria [J]. Environmental Development，2016，17：33-47.
[7] BROWN S，VERSACE V L，LAURENSON L，et al. Assessment of spatiotemporal varying rela-

tionships between rainfall, land cover and surface water area using geographically weighted regression [J]. Environmental Modeling & Assessment, 2012, 17 (3): 241 – 254.

[8] 孔锋. 透视变化环境下的中国城市暴雨内涝灾害: 形势、原因与政策建议 [J]. 水利水电技术, 2019, 50 (10): 42 – 52.

[9] 何胜男, 陈文学, 陈康宁, 等. 中小城市排水系统排水能力和内涝特性分析——以涡阳县为例 [J]. 水利水电技术, 2019, 50 (9): 75 – 82.

[10] 中华人民共和国水利部. SL 723—2016 治涝标准 [S]. 北京: 中国水利水电出版社, 2016.

[11] 中华人民共和国住房和城乡建设部. GB 50014—2021 室外排水设计规范 [S]. 北京: 中国计划出版社, 2021.

[12] 中华人民共和国住房和城乡建设部. GB 51174—2017 城镇雨水调蓄工程技术规范 [S]. 北京: 中国计划出版社, 2017.

[13] 郭元裕, 白宪台, 雷声隆. 南方圩 (湖) 区最优水面率研究 [J]. 水利学报, 1982 (7): 10 – 18.

[14] 王超. 城市水生态系统建设与管理 [M]. 北京: 科学出版社, 2004.

[15] 何俊仕, 吴迪, 魏国. 城市适宜水面率及其影响因素分析 [J]. 干旱区资源与环境, 2008, 22 (2): 6 – 9.

[16] 贺新春, 郑江丽, 邵东国. 城市适宜水域面积计算模型与方法研究 [J]. 水利水电技术, 2009, 40 (2): 13 – 15.

[17] 李春晖, 彭聪, 卜久贺, 等. 合理水域率的确定方法及其应用研究进展 [J]. 华北水利水电大学学报 (自然科学版), 2019, 40 (1): 39 – 45.

[18] 张志飞, 郭宗楼, 王士武. 区域合理水面率研究现状及探讨 [J]. 中国农村水利水电, 2006 (4): 58 – 60.

[19] 张俊, 周璟. 城市建设中水系的空间问题及对策研究 [J]. 城市规划, 2017, 41 (12): 109 – 113.

[20] 史书华, 陈星. 基于调蓄能力与水系结构关系分析的城市合理水面率研究——以常熟市为例 [J]. 三峡大学学报 (自然科学版), 2020, 42 (2): 1 – 6.

[21] 赵璧奎, 黄本胜, 邱静, 等. 海绵城市建设中区域适宜水面率研究及应用 [J]. 广东水利水电, 2017 (5): 1 – 5.

[22] 盛子涵, 蒋晓红, 龚志浩, 等. 基于海绵城市建设理念的圩垸地区城市排涝主要设计参数优化方法 [J]. 水资源与水工程学报, 2020, 31 (5): 164 – 170.

[23] 中华人民共和国住房和城乡建设部. 海绵城市建设技术指南 (试行) [S]. 北京: 中国建筑工业出版社, 2014.

[24] 中华人民共和国住房和城乡建设部. GB 51222—2017 城镇内涝防治技术规范 [S]. 北京: 中国计划出版社, 2017.

[25] 中华人民共和国住房和城乡建设部. GB 50265—2010 泵站设计规范 [S]. 北京: 中国计划出版社, 2011.

[26] 陈雄志. 武汉市汤逊湖、南湖地区系统性内涝的成因分析 [J]. 中国给水排水, 2017, 33 (4): 7 – 10.

[27] 武汉市人民政府. 实施"三个统筹"系统推进城市内涝治理工作 [N]. 中国建设报, 2020 – 12 – 28 (007).

[28] 中华人民共和国住房和城乡建设部. CJJ 83—2016 城乡建设用地竖向规划规范 [S]. 北京: 中国计划出版社, 2016.

[29] 唐明, 许文斌, 尧俊辉, 等. 基于城市内涝数值模拟的设计暴雨雨型研究 [J]. 中国给水排水, 2021, 37 (5): 97 – 105.

7 城市蓄涝区运行模式与灵活调度

7.1 引言

城市河湖水体系统治理一直是社会舆论界热点话题，也是学术界关注的焦点问题[1-3]。在城市涉水事务没有完全实现统一管理的情况下，蓄涝区水位控制问题往往是水利、城市管理等当事方在运行实践中争论的焦点。出于河湖景观与水生态的需要，城市管理部门往往希望将常水位定得高一些；同时，出于市政排水的要求，又迫切希望在暴雨期间将城市蓄涝区控制得更低一些。从水利部门的角度，蓄涝区是城市排涝体系中的重要组成部分，其能力在排涝系统整体设计后就已经确定，有其明确的运行要求；因此，面对愈演愈烈的"城市看海"压力和不同利益方对"水位"诉求的差异，寻求一个合理确定蓄涝区运行方式的原则来缓解"竖向约束"带来的压力，是各方共同诉求。

城市雨洪过程涉及地表产流与坡面、管网、河网汇流，国内外学者分别从水文学和水动力学角度提出一系列的经典理论与算法。城市化在一定程度上加剧了人类社会与生态环境之间的相互作用，对水文过程产生巨大的影响[4]；城市水文过程发生显著变化，推动城市雨洪模型成为研究城市雨洪特性的重要手段[5]。20世纪70年代，美国政府部门率先研制了城市雨洪水量水质模型；随着计算机技术的逐步成熟，20世纪80年代以后，洪涝数值模拟研究进入快速发展阶段。目前，被广泛运用的城市雨洪模型有数十种，如SWMM、MIKE系列软件、InfoWorks ICM等。其中，MIKE系列软件、InfoWorks ICM等少数软件同时考虑了地表精细化产汇流、水体调蓄、河道演进、管流运动等相关要素[6]；Mike Flood能够用于城市管网排水能力及河湖调蓄能力的评估，从而得到较为广泛的应用[7-9]。近些年来，充分利用雨洪数值模拟成果，加强城市竖向规划，以低影响开发理念为指导建设海绵城市；建立城市洪涝立体监测、预报预警和实时调度系统，强化城市洪涝科学决策能力；健全和完善城市洪涝应急预案、强化应急管理能力，已经成为学界共识[10-11]。

针对实践当中存在的"忽视竖向规划"问题，2016年，住建部门修订了《城乡建设用地竖向规划规范》，为了保障场地与道路、排水管网三者竖向衔接关系，特别从用地竖向高程上对防洪排涝做了专门的规定[12]；为了进一步推动规范的落实，2020年，亦有专家提出更具系统性、可实施性的专项规划编制模式[13]。但是，目前大部分城市排水专项规划，往往还是通过确定体制、划分子区域、选择参数和公式等常规方法来布置管网与泵站，与其他系统的竖向衔接做得不够。

在海绵城市建设的"渗、滞、蓄、净、用、排"措施中，"蓄、排"是能够在破坏最少的条件下达到暴雨期间调蓄和错峰的作用，并且能够为后续雨水的利用创造条件；因此，雨水调蓄也逐渐成为近几年海绵城市建设的研究热点[14]。目前，对于城市雨水调蓄的研究主要集中在源头控制和市政排水体系中的调蓄[15-16]；在末端蓄涝区的研究方面，针对水位变化对市政排水系统运行影响的研究较多[17]，统筹蓄涝区、市政排水与水利排涝系统竖向布置之间的影响研究较少；针对具体工程的案例研究较多，缺乏概括蓄涝区运行方式的总结性成果。

因此，分析城市排涝泵站设计运行内水位与蓄涝区特征水位的内在联系，剖析不同蓄涝区常水位对城市排涝系统的影响机制，总结城市蓄涝区运行模式，寻求蓄涝区常水位及排涝进程中动态水位的控制原则，平衡好城市河湖生态景观、市政排水与水利排涝之间的矛盾，是城市排涝实践中急需解决的一个技术基础问题。

7.2 城市泵站设计参数与蓄涝区特征水位的内在联系

7.2.1 城市排涝泵站设计内水位的确定方式及其对水泵运行效率的影响

GB 50265—2010《泵站设计规范》明确了两种确定泵站设计运行水位的方法：一种按最低蓄涝水位推求设计内水位，一种按最低与最高蓄水位的平均值（以下简称平均水位）推求[18]。

第一种方式在湖南省洞庭湖地区采用得较多，在最低蓄涝水位的基础上，计入排水渠道的水力损失后作为设计运行内水位。运行时，自蓄涝区设计低水位起，水泵开始满负荷运行（假定当泵站外水位为设计外水位，下同）；随着来水不断增加，蓄涝区边排边蓄，直至设计降雨历时末，蓄涝区达到设计高水位（按设计调蓄量蓄满）；最终，排至设计低水位，腾空调蓄库容。此种方式下，泵站前池的水位相应地较设计运行内水位高，水泵始终处于满负荷运行状态，水泵工作点具有在高效点单侧变化的特点；鉴于排涝泵站的低扬程特点，在蓄涝区水位变动期间，水泵工作扬程减少，流量加大；调蓄水位越高，水泵实际工作点偏离高效点越远。

第二种方式在湖北省采用得较多，在蓄涝区平均水位的基础上，计入排水渠道的水力损失后作为设计运行内水位。按这种方式，在蓄涝区平均水位以下区间运行时，水泵工作扬程较设计扬程大，流量减小；反之，在平均水位及以上区间运行时，水泵工作扬程较设计扬程小，流量增大，水泵处于满负荷运行状态。该种方式下，水泵工作点在高效点双侧移动；同等条件下，水泵实际工作点偏离高效点的幅度较第一种方式更小一些。

7.2.2 城市排涝进程中的蓄涝区"超蓄"问题

具备小流域特点的城市排涝流量设计中，常常选择水量平衡法、平均排除法等通过洪量计算推求排涝流量的方法，较为方便。特别是不需要考虑降雨过程的"平均排除法"，适用于平原坡水区、滨河滨湖圩（垸）区、平原水网区、潮位顶托区等[19]，具有"快速计算"的优势，在城市排涝泵站流量设计中采用较多。实际上，容易致涝的城市暴雨往往存在明显的集中降雨期，其汇流也存在明显的峰区，导致这一阶段的汇入水量超过系统的外排与调蓄能力，造成蓄涝区的"超蓄"，水位异常增高（超过设计最高调蓄水位），进而造成水利排涝系统对市政排水系统的顶托，这也是城市内涝的主要原因之一。

城市集中式排水系统能够快速收集与输送雨洪，汇流时间短；而且下垫面硬化程度高，下渗较小；可以近似地认为排水历时与降雨历时相等，使用"平均排除法"推算的设计排涝流量

$$Q_设 = (V_{净总} - V_{设调})/0.36 t_总 \tag{7.1}$$

式中 $Q_设$——设计排涝流量，$\mathrm{m^3/s}$；

$V_{净总}$——设计暴雨历时 $t_总$ 对应的净雨量，万 $\mathrm{m^3}$；

$V_{设调}$——设计调蓄水量，万 $\mathrm{m^3}$；

$t_总$——设计暴雨历时，h。

根据汇流大小，可以将雨洪汇流分成前、中、后 3 个阶段。其中，前期降雨较小，形成的地表径流未超过泵站的外排能力；令此段持续时间与设计暴雨历时的比例为 k_1，阶段性净雨量为 $V_{净1}$，阶段性排涝能力富余 V_a。中期降雨集中，汇入流量超过泵站外排能力，蓄涝区水位开始升高，直到降雨峰值过后，汇入流量逐渐降至泵站的设计流量，蓄涝区达到最高水位；令此段持续时间与设计暴雨历时的比例为 k_2，阶段性净雨量为 $V_{净2}$。后期降雨转小，汇入流量低于泵站的外排能力，蓄涝区水位开始下降；令此段持续时间与设计暴雨历时的比例为 k_3，阶段性净雨量为 $V_{净3}$，阶段性排涝能力富余 V_b。

因此，由于不均匀降雨造成前、后 2 个阶段的排涝能力富余，导致按照平均排除法计算出的排涝流量和调蓄容积在中段就不足以应对该时段的集中降雨，过程最大调蓄水量 $V_{蓄max}$ 为

$$V_{蓄max} = V_{净2} - k_2 V_{设排} = V_{净2} - k_2 (V_{净总} - V_调) = V_调 + (1 - k_2) V_{净总} - (V_{净总} - V_{净2}) - (1 - k_2) V_调$$
$$= V_调 + (k_1 V_{净总} - k_1 V_调 - V_{净1}) + (k_3 V_{净总} - k_3 V_调 - V_{净3}) = V_调 + V_a + V_b$$

其中：$V_{净总} = V_{净1} + V_{净2} + V_{净3}$；$k_1 + k_2 + k_3 = 1$；$V_a = k_1 V_{设排} - V_{净1}$；$V_b = k_3 V_{设排} - V_{净3}$。

则，排涝过程中的超蓄量：

$$V_{超蓄} = V_{蓄max} - V_调 = V_{净2} - k_2 V_{设排} - V_调 \tag{7.2}$$

也可表示为

$$V_{超蓄} = V_{蓄max} - V_调 = V_a + V_b \tag{7.3}$$

由式（7.2）可以看出：在汇流中期，同样的 $V_{净2}$、$V_调$ 情况下，超蓄量取决于暴雨历时的集中度，k_2 越小，降雨越集中，超蓄量更大，城市内涝也更严重；由式（7.3）可以看出：在相同的暴雨历时集中度条件下，超蓄量取决于集中期的暴雨雨量，$V_{净2}$ 越大，前、后 2 个阶段的净雨量 $V_{净1} + V_{净3}$ 就越小，排涝能力富余量 $V_a + V_b$ 越大，超蓄量也越大。由此可见，根据平均排除法得到的设计排涝流量与调蓄量只能应对较均匀的降雨；当遇到有明显降雨集中期的暴雨，其排涝进程中的超蓄问题就难以避免。

7.3 蓄涝区运行方式对城市排涝系统影响分析

7.3.1 常规蓄涝区运行方式简析

城市蓄涝区有 3 个特征水位，即设计蓄涝高水位、设计蓄涝低水位（设计蓄涝高水位减去设计蓄涝水深）与蓄涝区常水位。设计蓄涝高水位和设计蓄涝低水位属于水利排涝系统主要参数，在系统建设之时就已经确定。而蓄涝区常水位并没有一个明确的规定，往往根据管理需求来确定。主要有两种考量，一种是偏向排涝设计，和泵站设计内水位相统一；另一种则是偏向于河湖生态景观需求，在蓄涝区的设计蓄涝高水位以下确定一个水位，一般在设计蓄涝高水位与低水位的均值附近取值。前者，以最低蓄涝水位作为起排水位（简称方式Ⅰ）；如果遇到设计运行内水位偏低的情况，河湖汛期控制水位偏低，影响城市水生态与河湖景观。后者，将蓄涝区平均水位作为起排水位（简称方式Ⅱ）；偏高的水位会带来一定的内涝风险，使得城市内涝防治压力增加；如果遇到以最低蓄涝水位作为设计运行内水位的"湖南设计模式"，内水高位运行时，机组效率受到较大的影响。

为了更加直观地展示蓄涝区常水位对城市排涝系统的影响，绘制城市设计暴雨的汇流与排涝进程示意图（图 7.1），展示区间汇流、蓄涝区水位随降雨时程的变动情况。其中，图 7.1（a）为方式Ⅰ的示意图，图 7.1（b）～（d）为方式Ⅱ条件下，因汇流峰值出现早晚而带来排涝进程差异的示意图。

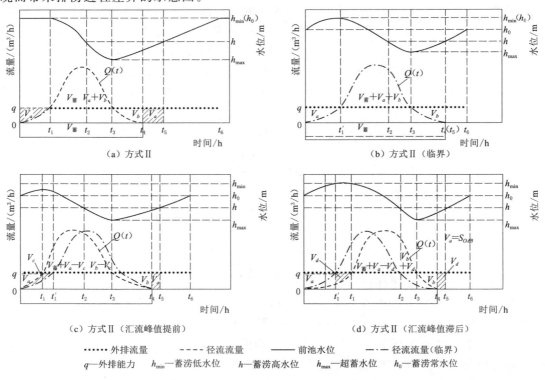

图 7.1 城市雨洪汇流与排涝过程

假定设计暴雨日为单峰的汇流过程，泵站外排能力为 q。按照排涝泵站的"排蓄水量平衡"理念，设计暴雨历时（$0 \sim t_4$ 时段）内，累积雨洪量（汇流曲线与横坐标之间的面积）由泵站设计外排水量（横坐标上方的矩形面积）和调蓄容积（横坐标下方的矩形面积）分摊；$t_5 \sim t_e$ 时段，再腾库容，将蓄涝区控制到常水位 h_0。

7.3.2 方式 I 的排涝过程及超蓄情况分析

如图 7.1（a）所示，第 1 阶段（$0 \sim t_1$），属于维持起蓄水位期，初期汇流小，实际排涝流量小于泵站的外排能力 q，泵站机组在此阶段不能全开，损失了部分设计外排能力，少排水量 V_a；在第 2 阶段（$t_1 \sim t_2$），属于调蓄容积使用期，在 t_2 时刻达到设计调蓄水位 h；在第 3 阶段（$t_2 \sim t_3$），属于超蓄上涨期，在 t_3 时刻达到最高调蓄水位 $h_{\max}$；在第 4 阶段（$t_3 \sim t_5$），属于超蓄回落期，至 t_5 时刻，蓄涝区水位降至设计蓄水位 h；第 5 阶段 $t_5 - t_e$，属于腾出调蓄库容期，腾空全部的调蓄库容，水位降至常水位 h_0。

该方式的特点是：雨前，调蓄容积全部释放（$h_0 = h_{\min}$），有利于暴雨洪水调蓄；但是它在第二阶段的超蓄量较大（$V_{超蓄} = V_a + V_b$），对市政排水管网顶托效应明显，排涝总用时 t_e 较长。

7.3.3 方式 II 的排水过程及超蓄情况分析

如图 7.1（b）～（d）所示，分三个情境具体分析此方式的运行特点。

1. 方式 II（临界）排涝过程及超蓄情况分析

图 7.1（b）分析的是一种"临界"情境，即当涝水流量第一次达到泵站设计外排能力时（t_1' 时刻），正好完成腾空 $V_{调蓄下}$ 的任务，$\Delta V_1 = 0$。此种情境下，泵站可以在 $0 \sim t_4$ 时刻始终保持全部机组运行；在设计历时内，完成所有涝水的蓄积和排放（$t_5 = t_4$）。在排涝过程中，$V_{超蓄} = V_b$，同等条件下，超蓄量较方式 I 小；雨后，只要腾空部分调蓄容积，排涝总用时 t_e 最短。

2. 方式 II（汇流峰值提前）排涝过程及超蓄情况分析

图 7.1（c）分析的是"汇流峰值提前"的情境，当涝水流量第一次达到泵站设计外排能力时（t_1 时刻），尚未完成腾空 $V_{调蓄下}$ 的任务。此种情境下，泵站虽然可以在 $0 \sim t_4$ 时刻始终保持全部机组运行；但损失了部分调蓄容积 V_c，增加了雨后排空 V_c 的时间（$t_5 - t_4$）。因此，在排涝过程中，$V_{超蓄} = V_b + V_c$，超蓄量、排涝总用时 t_e 均介于方式 I 与方式 II（临界）之间。

3. 方式 II（汇流峰值滞后）排涝过程及超蓄情况分析

图 7.1（d）分析的是"汇流峰值滞后"的情境，当排涝泵站完成腾空 $V_{调蓄下}$ 的任务时（t_1' 时刻），涝水流量尚未达到泵站设计外排能力。此种情境下，泵站也不能在 $0 \sim t_4$ 时刻始终保持全部机组运行，损失了部分设计外排能力 V_d，增加了雨后排空 V_d 的时间（$t_5 - t_4$）。因此，在排涝过程中，$V_{超蓄} = V_b + V_d$，超蓄量、排涝总用时 t_e 均介于方式 I 与方式 II（临界）之间。

7.3.4 不同蓄涝区运行方式下的排涝进程小结

两种方式（4 个工况）中 $0 \sim t_4$ 时刻的汇流（设计降雨历时）产生的涝水，由泵站设计外排水量和调蓄容积分摊。但是，不同的运行方式，在雨中的超蓄量、雨后的延时排涝（$t_4 \sim t_5$）与腾空调蓄容积（$t_5 \sim t_e$）等方面会存在差异。

由于暴雨时程分布的不确定性，涝水的汇流过程不可能与排涝设施的设计能力相一致；排水过程中，存在设计外排能力损失 V_a、V_b、V_d 或调蓄容积损失 V_c，从而引起蓄涝区的超蓄；超蓄量的大小与泵站设计参数的选定及其调度运行方法有关（表7.1）。

表7.1　　　　　　　　　　不同模式（情境）下的排涝进程对比

运行模式	调蓄区设计 运行水位	调蓄容积 使用情况	设计外排 能力运用	实际排 涝时间	超蓄量	备注
Ⅰ	$V_{设计低水位}$	全部使用	损失部分设 计外排能力	最长	$V_a + V_b$	
Ⅱ（临界）	$\dfrac{V_{设计低水位} + V_{设计蓄水位}}{2}$	全部使用	全程满负荷	最短	V_b	
Ⅱ（汇流峰值提前）	$\dfrac{V_{设计低水位} + V_{设计蓄水位}}{2}$	损失部分 调蓄水位	全程满负荷	介于Ⅰ与Ⅱ （临界）之间	$V_c + V_b$	$V_c < V_a$
Ⅱ（汇流峰值滞后）	$\dfrac{V_{设计低水位} + V_{设计蓄水位}}{2}$	全部使用	损失部分设 计外排能力	介于Ⅰ与Ⅱ （临界）之间	$V_d + V_b$	$V_d < V_b$

城市特殊的下垫面和人为热排放等可使局地对流性降水增多，降水总量和降水强度增大，暴雨过程中的短历时强降雨概率在增大[20-21]。越加不均匀的暴雨过程，让涝水的汇流过程更趋于集中，V_a、V_b 均有加大的趋势；不论采用哪种方式，蓄涝区的超蓄量都会更大；给市政排水与水利排涝系统的正常运行带来更大的风险。

城镇化快速推进中，河湖洼地被侵占，城市水面萎缩，导致排涝工程体系调蓄容积变小，只能增强泵站外排能力 q；V_a、V_b 随之增大，超蓄量就越大，由此带来的水位增幅也更大，对市政排水的顶托作用越明显。因此，调蓄容积小的排涝区，排涝设施应对短历时强降雨的能力偏低，暴雨过程中的城区积水严重，甚至泵站自身都面临受淹的危险。

7.4　案例研究——沙井电排区

7.4.1　排涝系统模拟运行工况

将蓄涝区常水位（即初始排涝水位）定在蓄涝区平均水位附近（17.2m）；通过对复合雨型（图7.2）中最大6h峰值区位置的调整，设计出工况Ⅰ、Ⅱ、Ⅲ；另外，将蓄涝区常水位定在设计低水位（16.5m），形成工况Ⅵ（表7.2）。

将泵站机组分3档启停。排涝流量为，第一档机组占50%，第二档占25%，第三档占25%；起排水位为，第一档机组16.7m，第二档16.65m，第三档16.6m；停机水位为，第一档机组16.6m，第二档16.55m，第三档16.5m。

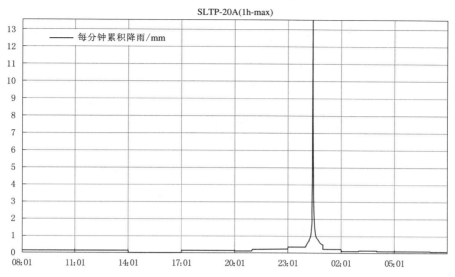

图 7.2　复合雨型图

表 7.2　　　　　　　　　　　　　　　　沙井电排区排涝系统模拟工况

蓄涝水面率	蓄涝区常水位	雨型峰值特点	最强 6h 暴雨位置	排涝流量/(m³/s)	工况代码
5%	17.20	超前	1~6	17.88	Ⅰ
		适中	6~11	17.88	Ⅱ
		靠后	13~18	17.88	Ⅲ
	16.50	靠后	13~18	17.88	Ⅳ

7.4.2　雨洪模拟结果分析

1. 工况Ⅰ、Ⅱ、Ⅲ排涝进程的比较

排涝方式Ⅱ条件下的泵站前池水位与外排流量过程线如图 7.3 所示。

图 7.3（a）表示的是"汇流峰值提前"条件下的排涝进程，泵站始终保持全机组运行。因设计雨型中的峰值出现过早（最大 6h 降雨量时程为 1~6h），集中强降雨期来临之时，未腾出全部调蓄库容，损失了部分调蓄容积 V_c，导致其前池最高水位高于设计蓄水位（18m，下同），影响市政排水管网的正常运行。

图 7.3（b）表示的接近"临界"条件下的排涝进程，泵站也始终保持全机组运行。因为在数值模拟前并不知道实际汇流等于排涝流量的时刻，所以将设计雨型中的峰值放在一个相对合适的位置（最大 6h 降雨量时程为 6~11h），使其排涝进程接近于临界状态。图 7.3（b）显示，在集中强降雨期来临之前，基本腾出全部的调蓄库容时，调蓄容积损失不大；其前池最高水位低于设计蓄水位，不影响市政排水管网的正常运行。

图 7.3（c）表示的是"汇流峰值滞后"条件下的排涝进程，在集中强降雨期来临之前，泵站有部分时间不能保持全机组运行。因设计雨型中的峰值出现过迟（最大 6h 降雨

量时程为 13～18h），腾出全部调蓄库容时，涝水流量还是小于泵站外排能力；部分机组停运，损失设计外排能力 V_d。

图 7.3（d）列出的是"复合雨型"中集中降雨期时程差异下的泵站前池水位过程比较，基本验证了蓄涝区常水位对城市排涝系统理论推演中的判断：采取方式Ⅱ，汇流峰值提前时，存在集中强降雨期来临之前不能腾空调蓄库容的风险，从而带来排涝过程中的超蓄；汇流峰值滞后时，存在部分时间不能保持全机组运行的问题，设计排涝历时末的前池水位较其他两种情况更高，完成排涝与腾空库容任务的总时间会更长。

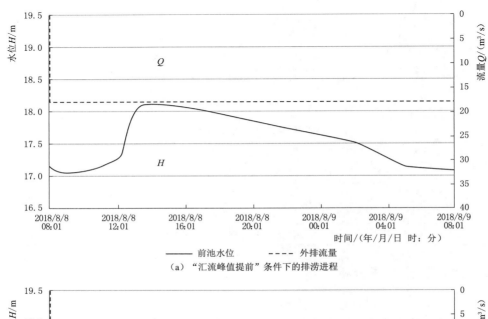

（a）"汇流峰值提前"条件下的排涝进程

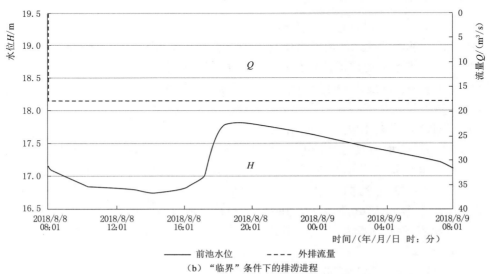

（b）"临界"条件下的排涝进程

图 7.3（一） 泵站前池水位与外排流量过程线

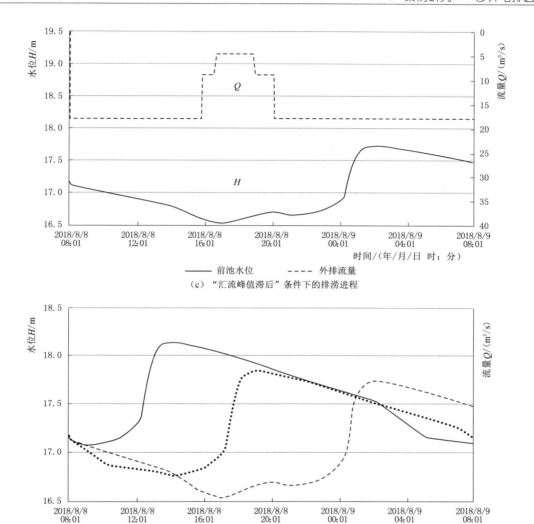

（c）"汇流峰值滞后"条件下的排涝进程

（d）集中降雨期时程差异下的前池水位过程线

图 7.3（二） 泵站前池水位与外排流量过程线

2. 工况Ⅲ、Ⅵ排涝进程的比较

工况Ⅲ、Ⅵ的主要区别就是蓄涝区常水位，前者设置在蓄涝区平均水位附近，后者设置在设计低水位。由图 7.4 可知，两者在峰前最低水位、前池最高水位、期末前池水位以及到达各水位的相应时间都是一致的。不同点在于，工况Ⅲ采取方式Ⅱ，在降雨初期，有腾空部分库容的任务，可以全机组启动，降雨历时内机组利用率更高，而且雨后只需将水位降至 17.2m，腾库容的任务更轻，用时更短；而工况Ⅵ采取方式Ⅰ，降雨初期，受泵站前池来水的影响，不能在低水位实现大流量运行，因此机组利用率较低，但在雨后需要将水位降至 16.5m，完成排涝与腾空库容的总时间更长。

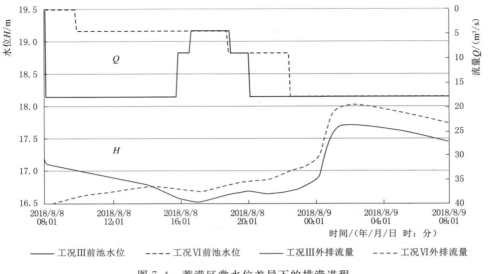

图 7.4　蓄涝区常水位差异下的排涝进程

7.5　城市蓄涝区运行模式与灵活调度的建议

综上所述，可以根据泵站设计运行水位的确定方式和蓄涝区常水位的设置差异，将蓄涝区运行方式概括为以下 4 种模式。

1. 泵站设计运行内水位和蓄涝区常水位均按蓄涝低水位设置

此种模式的优点是排涝进程中，能够完全利用设计蓄涝容积来削峰；水泵单机始终保持满负荷运行，排涝流量较大。缺点是泵站机组在降雨前期利用率较低，完成排涝与腾空库容的总时间更长。鉴于水泵在设计蓄涝低水位以下依然有高效运行的空间，可以在排涝过程中，针对不同暴雨量级，有计划下调最低蓄涝水位，腾出更多的调蓄库容，取得更好的削峰效果（"峰前强降"，下同），还可以提高设计历时内的机组利用率，缩短排涝与腾空库容的总时长。

2. 泵站设计运行内水位和蓄涝区常水位均按蓄涝区平均水位设置

此种模式的优点是泵站机组在降雨前期利用率较高，完成排涝与腾空库容的总时间最短，水泵实际工作点偏离高效点的幅度较小，泵站总体运行效率较高；缺点是此模式存在"汇流峰值提前"时不能完全腾空库容的风险，从而增加蓄涝区过程中的超蓄量。另外，鉴于设计运行内水位较高，当前池水位降到设计低水位以下时，水泵工作点偏离高效区较多，效率降低，单机流量减小；"峰前强降"的潜力较小。因此，采取该排涝方式，需要密切跟踪天气预报，确定合理的开机时机提前腾库容（"雨前预降"，下同），尽可能降低"过程超蓄"的风险。

3. 泵站设计运行内水位按蓄涝低水位设置，蓄涝区常水位按蓄涝区平均水位设置

此种模式下，泵站机组利用率高，缩短了排涝与腾空库容的总时间；水泵单机全程满负荷运行，排涝流量较大，而且保留了"峰前强降"的潜力。但是，依然存在"汇流峰值

提前"时不能完全腾空库容的风险,延长高水位持续的时间,而且因为过程中的"超蓄"导致相应时段的水泵运行工作点更加偏离高效区运行,水泵功效降低。因此,采取该排涝方式时,同样需要密切跟踪天气预报,防止"汇流峰值提前"的情境出现;并且在条件许可的前提下,尽可能通过"雨前预降""峰前强降"等方式减少高水位的持续运行时间。

4. 泵站设计运行内水位按蓄涝区平均水位设置,蓄涝区常水位按蓄涝低水位设置

此种模式下,规避了"汇流峰值提前"时不能完全腾空库容的风险,而且水泵实际工作点偏离高效点的幅度较小,水泵功效较高;但是,依然存在降雨前期泵站机组利用率较低带来的"排涝与腾空库容的总时间过长"问题,而且"峰前强降"的潜力较小,应急调度措施受限。

7.6 小结

(1)基于常规"平均排除法"的城市排涝设计,排涝设施应对集中强降雨的过程中,必然出现蓄涝区"超蓄"问题;不同的蓄涝区运行方式,可能因不能全机组运行带来"设计外排能力损失",或者因不能及时腾空调蓄库容而带来"部分调蓄库容损失",从而引起蓄涝区"超蓄"。

(2)城市蓄涝区的特征水位与排涝泵站设计参数联系密切,常水位及排涝进程中动态水位控制,直接影响水泵运行功效和泵站机组利用率;因此,蓄涝区的水位控制要综合考虑城市河湖生态景观、市政排水顶托效应与水利排涝泵站运行效率等因素。

(3)综合考虑泵站设计运行水位与蓄涝区常水位的确定方式,蓄涝区运行可以概括为4种不同模式,关注不同模式下"超蓄"及"超蓄量加大"的具体原因,选择"雨前预降"或"峰前强降"的合适时机,从而根据实际需求制定更加灵活的工程调度运用办法,发挥出城市蓄涝体系本身的"韧性"。

(4)在排涝实践中,要在了解泵站设计运行水位的确定方式和蓄涝区常水位对排涝进程影响的基础上,根据泵站特征水位,选择合理的蓄涝区运行模式,助力城市洪涝应急预案的编制、实时调度系统的完善,提升城市洪涝科学决策能力。

参 考 文 献

[1] 程晓陶. 城市水利与城市发展 [C] //中国水利技术技术信息中心. 城乡饮用水水源安全问题与发展汇总. 2009:36-39.

[2] 付潇然,刘家宏,周冠南,等. 面向内涝防治的地下调蓄池容量设计 [J]. 水利水电技术,2019,50 (11):1-8.

[3] 孔锋. 透视变化环境下的中国城市暴雨内涝灾害:形势、原因与政策建议 [J]. 水利水电技术,2019,50 (10):42-52.

[4] CARLE M V,HALPIN P N,STOW C A. Patterns of watershed urbanization and impacts on water quality [J]. Journal of the American Water Resources Association,2005,41 (3):693-708.

[5] 夏军,张印,梁昌梅,等. 城市雨洪模型研究综述 [J]. 武汉大学学报(工学版),2018,51 (2):95-105.

［6］ 臧文斌. 城市洪涝精细化模拟体系研究［D］. 北京：中国水利水电科学研究院，2019.

［7］ 刘晗，王坤，候云寒，等. 基于MIKE11的山丘区小流域洪水演进模拟与分析［J］. 中国农村水利水电，2019（1）：63-69.

［8］ 李品良，覃光华，曹泠然，等. 基于MIKE URBAN的城市内涝模型应用［J］. 水利水电技术，2018，49（12）：11-16.

［9］ 郭聪，施家月，张亚力，等. 一、二维耦合模型在茅洲河水环境治理中的应用［J］. 环境影响评价，2019（4）：59-62.

［10］ 张建云，王银堂，贺瑞敏，等. 中国城市洪涝问题及成因分析［J］. 水科学进展，2016，27（4）：485-491.

［11］ 李晓宇. 基于大排水系统构建的城市竖向规划研究［D］. 北京：北京建筑大学，2020.

［12］ 中华人民共和国住房和城乡建设部. CJJ 83—2016城乡建设用地竖向规划规范［S］. 北京：中国计划出版社，2016.

［13］ 万鹏，丁文静，邱永涵. 竖向、水系及市政管线规划系统化编制模式探索［J］. 中国给水排水，2020，36（24）：17-21.

［14］ 孙芳. 基于海绵城市的城市道路系统化设计研究［D］. 西安：西安建筑科技大学，2015.

［15］ 刘剑. 布置于河床下的全地下式调蓄池的设计要点［J］. 中国给水排水，2019，35（16）：73-76.

［16］ 张勤，陈思飘，蔡松柏，等. LID措施与雨水调蓄池联合运行的模拟研究［J］. 中国给水排水，2018，34（9）：134-138.

［17］ 唐明，许文斌. 基于情景模拟的城市雨洪联合调度策略［J］. 中国农村水利水电，2020（8）：76-81.

［18］ 中华人民共和国住房和城乡建设部. GB 50265—2010泵站设计规范［S］. 北京：中国计划出版社，2011.

［19］ 中华人民共和国水利部. SL 723—2016治涝标准［S］. 北京：中国水利水电出版社，2016.

［20］ 张建云，宋晓猛. 变化环境下城市水文学的发展与挑战［J］. 水科学进展，2014，25（4）：594-605.

［21］ 何胜男，陈文学，陈康宁，等. 中小城市排水系统排水能力和内涝特性分析——以涡阳县为例［J］. 水利水电技术，2019，50（9）：75-82.

8 城市内涝防治系统的联合调度

8.1 引言

自古以来，人类择水而居，文明因水而兴，城池滨水而建；"水"始终是城市兴起与发展的要素之一。城市水体是由物理环境、化学物质和水生生物共同组成的复杂生态系统，水环境质量体现了城市的品位和生活质量，也体现了生态文明建设水平[1]。然而，随着工业化、城镇化进程的加快，部分城市河湖水系不畅、河湖水质不佳、水生态系统退化、城市除涝能力不足等问题日益凸显，已成为制约城市持续健康发展的瓶颈[2]。因此，城市河湖水体一直是社会舆论界热点话题，也是学术界关注的焦点问题。近些年研究得最广泛、最深入的是"健康河流"，此外还有"清洁河流""生态河流""美丽河流"[3]。2019年，习近平总书记在黄河流域生态保护和高质量发展座谈会上要求"让黄河成为造福人民的幸福河"，使得"幸福河湖"成为未来河湖治理的主要方向[4]；即在维持河流自身健康的基础上，能够有效保障防洪安全，持续提供优质水资源、健康水生态、宜居水环境、先进水文化[5]；进一步诠释了"统筹兼顾、综合治水"的内涵，也对城市河湖的管理提出更加明确的要求。

城市河湖是市政排水系统的受纳水体，也是城市排涝系统的天然调蓄区，共同构成城市内涝防治体系；三者相互依存，又相互影响，其建设与运行管理水平决定了城市治涝能力的高低。一方面，城市内涝防治系统的工程建设欠账依旧存在，市政排水与城市排涝能力不足；另一方面，由于对城市雨洪过程的认识还不够，缺少对市政排水与城市排涝设施运行的针对性调度，系统能力得不到充分发挥。因此，在完善工程体系建设的同时，加强对雨洪过程的了解，评估不同情景下内涝防治系统运行特点，从而确定城市雨洪联合调度策略，协调好市政排水的快速收集与城市排涝系统平均排除之间的矛盾，充分发挥内涝防治系统的既有能力，是十分必要的。

同时，城市河湖还承载着景观娱乐和生态功能，对水量、水质、生态均有着较高要求。水质不佳、生态系统退化，大多与市政污水收集系统不完备、初期雨水污染、合流制雨季超量混合污水处置不当、市政排水与城市排涝系统不协调等问题有关。特别是采取"合流制"排水体系的区域，在集中式城镇排水系统快速收集与输送雨洪的过程中，因系统性欠缺而形成大量混合污水；但污水处理厂的处理规模、工艺设计及运行模式均决定其不具备（或有限的）超量混合污水处理能力；从而导致管网沿程溢流、厂前溢流或者超越溢流，污染了城市河湖水体[6]。"城市看海"与"逢雨必污"，是我国城市面临的普遍难题，需要通过海绵城市建设和流域综合治理，从系统的视角去妥善解决。因此，在雨季排涝时，加强以泵站运行为核心的城市内涝防治体系调度，在保障城市除涝效果的同时，兼顾市政排水（污）系统和污水处理系统的运行，削减进入河湖的混合污水量，助力"防洪保安全、优质水资源、健康水生态、宜居水环境、先进水文化相统一的江河治理保护目标"[7]的实现，是"幸福河湖"背景下解决城市水问题的应有之义。

8.2　案例研究——青山湖排涝片

8.2.1　内涝防治系统运行调度存在的问题及原因分析

历史上，根据需要对青山湖内涝防治系统运行调度方案作了数次调整，取得一定效果；但是，总体上看，由于对城市水体面临的形势以及内涝防治系统整体能力的认识还不够，调度方案仍不完善，实际效果也不理想。在近两年的大暴雨过程中，仍然暴露出排涝不畅、水景观与水生态保障难度大等问题。究其深层原因，在系统运行调度层面（不考虑现有工程的设计衔接因素）主要存在以下三个具体问题：

一是对内涝防治系统的运行调度在解决城市水问题当中的重要性认识得还不够全面。从内涝防治体系的建设与管理来看，国内大多数城市经历了三个阶段。20世纪，随着城市的拓展，一批农村排涝泵站进入建城区；不论是泵站扩容与提升改造，还是城区管网建设，都是以"速排"为主。进入21世纪，城市污水对河湖的影响日益凸显，随着环保意识的提升，除了"速排"的考量之外，还加入了"控污"因素，各地都加大了河湖截污、河道整治的力度。2010年以后，水利部推出"水生态文明城市建设"，以促进河湖健康，实现人水和谐；同时，住建部推行"海绵城市建设"，提出综合运用"蓄、滞、渗、净、用、排"六项举措，有效缓解城市内涝、削减城市径流污染负荷、节约水资源、保护和改善城市生态环境。城市水体的全新功能定位，使其综合功能日益明显；它不仅是内涝防治体系当中的重要一环，也是城市生态环境建设以及景观多样性和物种多样性维系的基本要素[8]。因此，城市排涝调度也需要考虑更多的因素，进入"水安全、水景观、水生态多目标联控"（以下简称"多目标联控"）的新时期。然而在近些年的内涝防治系统运行调度实践当中，并没有完全确立"多目标联控"的思想，在应对暴雨的过程中，没有完全将排涝安全与水景观、水生态保障等因素统筹起来。

二是对内涝防治系统与相关水问题之间的影响机制研究得还不够深入。一方面，从排涝安全的角度，侧重于快速排除短历时暴雨峰值的市政排水系统与侧重于"平均排除"长历时暴雨净值的流域排涝系统之间，需要采用源头控制、河湖调蓄等措施加以平衡[9-10]；但是，由于分头管理等原因，业内对暴雨进程中调蓄区水位的波动规律及其对市政排水系统的影响机制研究得并不多，市政排水系统受河湖顶托的现象在一些平原地区较为常见，从而增加了城区积水的风险。另一方面，从水景观和水生态的角度，城市水体大多为静止或流动性差的封闭型浅型水体，具有水环境容量小、水体自净能力弱、易污染等特点，往往面临较高的水质恶化和水华风险[11-12]；由于对暴雨期间市政管网溢流规律及其对城市"水景观、水生态"的影响机制关注得不够，使得城市水体"逢雨必污"。特别是采用截流式合流制排水的区域，其溢流系统对沿线河湖水位变化更为敏感；处置得不好，既增加了雨污合流水对污水处理厂的冲击，也加剧了雨污合流水对河湖景观及水生态的影响。

三是城市内涝防治设施运行调度规程的针对性与操作性有待进一步提高。运行调度的主要内容和任务是根据国家的有关规范和技术标准，制定相应的设施运行、维护、检修、安全等操作规程并严格落实；通过泵站、水闸的启停来控制内涝防治系统的关键水位。从技术规范层面，不论是水利部门[13]的，还是住建部门[14]的现有标准，均立足于"除涝"这一传统目标，缺少"综合考虑水循环及其联系的水环境、水生态和水管理等过程"[15]。从技术规范应用层面，泵站机组、水闸运行规程的操作性和灵活性还不够，只有基于24h降雨预报的调蓄区水位"雨前预降"指标，既缺少降雨过程中明确的机组增减规则，也缺少对短历时降雨的响应，还缺少针对降雨前后截流系统对污水收集和河湖生态影响的调度方案，不能最大限度地削减"合流制"排水体系带来的溢流污染。此外，当前的排涝泵站运行优化，多是基于排涝安全基础上的经济运行优化[16-17]，缺少从环境、生态、资源、经济等多维角度审视排涝进程中的城市水体。

8.2.2 情景模拟与分析

运用情景分析方法进行评估和预测，是其他学科的理论和方法的综合集成。目前，该方法已经广泛应用于环境破坏、灾害预警等多个领域[18-19]；水利部门对各流域设计洪水的灾害影响都做过不同程度的情景模拟和分析[20]。Mike Flood能够用于城市管网排水能力及河湖调蓄能力的评估，应用较为广泛。本书采用控制变量法进行情景设置，利用MIKE开展雨洪数值模拟，分析城市骨干水系最高水位带来的影响，统筹考虑蓄涝需求和截流系统的功能影响，合理确定河湖水位的控制时机与阈值，进一步优化排涝系统运行方案。

8.2.2.1 城市雨洪情景设置

1. 模拟雨型的选择

如第4章所述，采用"复合雨型"，可同步考核"大尺度"的城市排涝系统及"小尺度"的市政排水系统的可靠性。本例采用"复合雨型A"，即，将适应本地市政系统短历时排水特点的"芝加哥雨型"嵌入到"综合雨型"的"最大1h降雨"当中，构成一种用于城市雨洪模拟的"复合雨型"（其余23h按"小时内部均化"处理）。

2. 排涝系统的主要工况确定

结合运行实际，拟订泵站开机台数随前池水位变化的常规方案。将泵站10台机组分3档启停，第一档（设4台泵）起排水位16.33m，停机水位16.23m，第二档（设2台泵）起排水位16.43m，停机水位16.33m，第三档（设4台泵）起排水位16.63m，停机水位16.53m。

将青山湖设计常水位（16.73m）作为泵站初始水位；将其最低调蓄水位（16.23m）作为雨洪调度模拟的泵站停运水位，逐一模拟不同量级暴雨条件下的排涝进程，找出对市政排水系统没有影响的临界雨量，即青山湖（图4.2控制断面b）水位、三支汇流处（上游水系壅水效果最明显的关键节点，图4.2控制断面a）水位不高于市政排水管网的设计外水位。

对临界雨量以下的暴雨，进行多个停运水位的模拟，通过各情景主要断面水位及外排流量过程分析，量化不同雨量条件下排涝系统的调蓄需求以及截流系统的功能影响。

8.2.2.2　模拟结果分析

（1）不同降雨量条件下的排涝进程对比分析（图 8.1，青山湖最低水位均设定为 16.23m）。

图 8.1（a）中，6 条曲线自下而上分别代表的是 24h 暴雨量（以下简称"雨量"）达到 50mm、100mm、150mm、200mm、223.6mm（20 年一遇）、260.4mm（50 年一遇）条件下的青山湖水位过程线；图 8.1（b）中，6 条曲线自下而上分别代表的是相应条件下

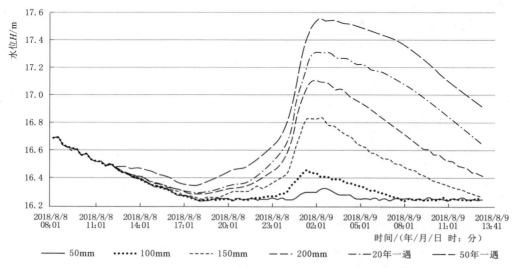

（a）青山湖水位过程线

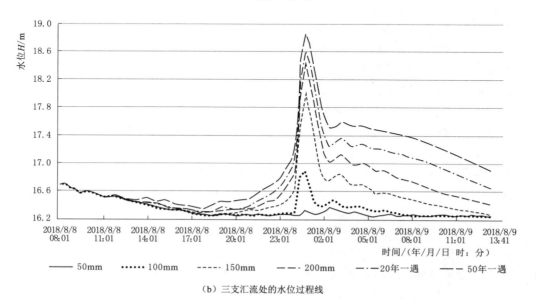

（b）三支汇流处的水位过程线

图 8.1　不同降雨量条件下的排涝进程对比

三支汇流处的水位过程线。可以看出，当雨量大于 200mm 时，青山湖水位才会超过 17.23m，发生顶托；但是，当雨量接近 150mm 时，三支汇流处的水位即达到了该处排水管网的设计外水位 17.78m，出现顶托效应。

（2）不同的青山湖最低控制水位条件下排涝进程对比分析（图 8.2，50mm 与 100mm）。

图 8.2（a）中，3 条曲线自下而上分别代表的是雨量为 50mm 条件下最低控制水位为 16.23m、16.46m、16.63m 时的青山湖水位过程线；图 8.2（b）中，3 条曲线自下而上分别代表的是雨量为 100mm 条件下最低控制水位为 16.23m、16.33m、16.43m 时的青山湖水位过程线。可以看出，当雨量为 50mm 时，3 种最低水位控制状态下，最大涨幅

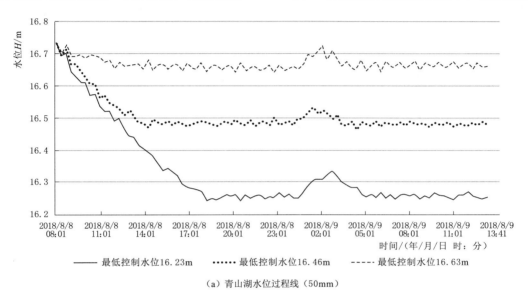

（a）青山湖水位过程线（50mm）

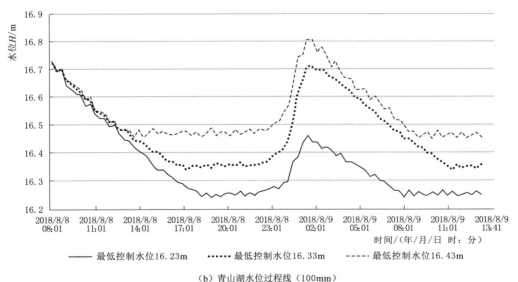

（b）青山湖水位过程线（100mm）

图 8.2（一） 不同的青山湖最低控制水位条件下排涝进程对比（50mm 和 100mm）

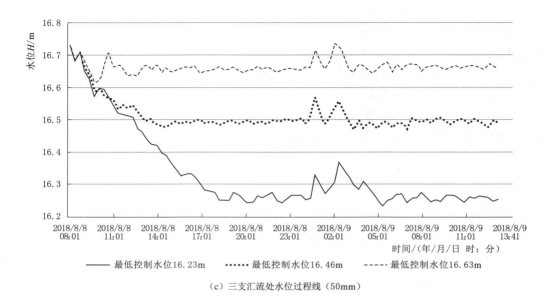

（c）三支汇流处水位过程线（50mm）

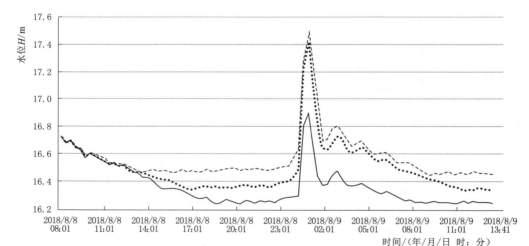

（d）三支汇流处水位过程线（100mm）

图 8.2（二）　不同的青山湖最低控制水位条件下排涝进程对比（50mm 和 100mm）

基本上在 10cm 左右，不会对市政排水系统造成影响。当雨量为 100mm 时，最大涨幅已经增大到 35cm 左右；当最低控制水位为 16.43m 时，青山湖最高水位达到 16.81m，接近该处溢流坎顶高程（16.83m）。

图 8.2（c）、（d）中的 3 条线分别代表相应条件下的三支汇流处水位过程线。可以看出，当雨量为 50mm 时，3 种水位控制条件下，对三支汇流处的市政排水管网系统均不造成顶托；但是，当雨量为 100mm 时，最低水位控制在 16.43m 时，三支汇流处的水位 17.49m，超过该处溢流坎顶高程（17.38m），低于该处排水管网的设计外水位（17.78m）。

（3）不同雨洪情景下青山湖水位与排涝流量过程分析（图8.3）。

图8.3（a）中，两条曲线分别代表雨量为100mm、最低控制水位为16.43m时的青山湖水位及泵站排涝流量过程线；图8.3（b）中，两条线分别代表雨量为150mm、最低控制水位为16.23m时的青山湖水位及泵站排涝流量过程线。可以看出，两种模拟工况中，机组满负荷运转的时间并不长；在雨洪峰值之前（青山湖水位16.63m以下时），存在通过应急调度（非常规调度）增加排涝流量，进一步削减雨洪峰值的空间。

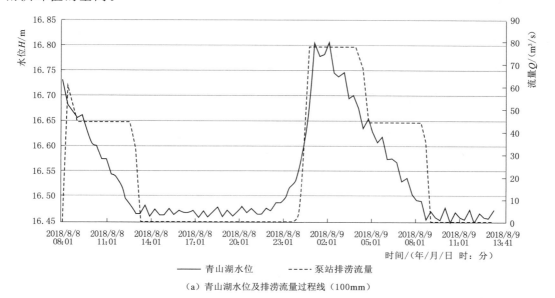

图8.3 不同雨洪情景下青山湖水位与排涝流量过程

（4）不同雨洪情景下的排涝系统运行情况。

不同重现期降雨、不同的调蓄区（青山湖）最低控制水位的条件下，因城市骨干水系最高水位差异而带来市政排水系统受到的顶托影响也存在较大差异（表 8.1）。

表 8.1 不同情景模拟中胡排涝系统运行情况统计

降雨量/mm	50			100			150	200	223.6	260.4
青山湖最低控制水位/m	16.23	16.46	16.63	16.23	16.33	16.43	16.23	16.23	16.23	16.23
青山湖最高水位/m	16.73	16.73	16.73	16.73	16.73	16.81	16.85	17.11	17.31	17.56
三支汇流处最高水位/m	16.73	16.73	16.73	16.90	17.42	17.49	17.98	18.42	18.61	18.84
市政管网受顶托情况	无	无	无	无	无	无	部分	大部分	全线	全线

当预报的 24h 暴雨量不足 50mm 时，河湖水位变幅较小，青山湖最低水位按 16.63m 控制时，暴雨过程中不会发生"骨干水系通过截流系统沿线溢流口倒灌"现象。

当预报的 24h 暴雨量为 50～100mm 时，河湖水位涨幅增大；随着降雨量的增加，将青山湖最低控制水位的阈值逐步由 16.63m 减少到 16.43m，可以保证骨干水系水位低于截流系统的溢流水位，减轻河水倒灌对污水收集处理系统的影响。

当预报的 24h 暴雨量为 100～150mm 时，河湖水位涨幅进一步增大；按照 16.43～16.23m 控制集中降雨期之前的最低调蓄水位，除局部地段外，基本上能够控制骨干水系不对管网系统造成顶托。

当预报的 24h 暴雨量大于 150mm 时，河湖水位涨幅过大，现有的排涝工程体系已经无法保障市政排水系统完全不受骨干水系的顶托影响。

8.2.3 城市排涝系统的雨洪联合调度策略

（1）进一步拓展传统的"雨前预降"汛限动态水位控制理念。关注降雨的过程控制，在按照常规泵站调度规程进行"雨前预降"的基础上，强化"峰前控制"。即根据不同等级的降雨预报成果，合理设置河湖水位控制阈值；根据不同的降雨强度和前池水位的变化趋势，加强集中强降雨期的研判，在涨水期，针对机组开展非常规调度，有效削减雨洪峰值，避免或减轻骨干水系对市政排水系统的顶托（表 8.2）。

表 8.2 不同降雨、调蓄水位组合下的最高机组运行台数

调蓄区涨落情况		落 水 期						涨 水 期					
机组高度性质		常规高度						非常规调度					
24 小时预报降雨量/mm		50	100	150	200	224	260	50	100	150	200	224	260
青山湖水位/m	16.73 以上	10	10	10	10	10	10	—	10	10	10	10	10
	16.73～16.63	10	10	10	10	10	10	10	10	10	10	10	10
	16.63～16.53	—	10	10	10	10	10		10	10	10	10	10
	16.53～16.43		6	6	6	6	6		8	10	10	10	10
	16.43～16.33			6	6	6	6			6	6	8	8
	16.33～16.23				4	4	4			4	4	6	8

（2）关注短历时强降雨，强化应急处置意识。细化短历时降雨的雨量阈值（表8.3）；密切跟踪气象部门的滚动预报与短时临近预报成果，启动相应的应急等级与调度措施。当集中强降雨带来的快速汇流超过现有工程体系的瞬时排涝能力时，即使通过泵站的非常规调度手段，也只能尽量减轻顶托程度；还需要通过增设"源头减排设施"、扩大"排涝除险设施"行泄能力等应急处置，进一步缓解城市受涝情况。

表 8.3　　　　　　　　　　青山湖排涝片不同降雨历时雨量阈值对照表

降雨历时	雨量阈值/mm					
24 小时	50	100	150	200	224	260
6 小时	30	60	90	120	137	156
3 小时	24	47	71	94	107	123

8.3　城市内涝防治体系运行调度的优化原则与路径

8.3.1　运行调度的优化原则

1. 科学筹划、兼顾各方

立足于城市水体是"一个极其复杂的生态系统"的客观实际，正视"水安全、水景观、水生态"之间存在的冲突，瞄准"幸福河湖"这一奋斗目标，坚持"多目标联控"，加强内涝防治系统的综合调度；根据内涝防治系统实际能力和暴雨特征，细化出阶段性控制目标，助力"水安全、水景观、水生态"多目标全局最优的实现。

2. 动态管理、适时调整

确定全面的河湖水位动态控制原则，将"多目标联控"的宏观目标落实到合理的水位控制方案上。将动态管理的理念贯穿到雨前、雨中和雨后的水量与水位控制当中；结合气象条件、设施能力等，对相关设施的控制性水位进行适时调整，从而兼顾城市除涝、水景观及水生态的安全需求。

3. 精细运作、合理控制

从水泵机组、水闸等设备运行的角度来说，需要提高精细化运作与应急处置意识。依据河湖水位动态控制方案，建立健全泵站机组、水闸等排涝设备的具体运行规程；不仅要制定降雨过程中水泵机组启动、停机的常规运行规则，还要编制泵闸联合调度运行规程与应急调度规则。

8.3.2　运行调度的优化路径

1. 打破传统调度思路，树立"多目标"管理思维，编制暴雨全程动态控制方案

对照"幸福河湖"治理保护目标，在城市排涝进程中，兼顾水景观、水生态的安全需求。按照"分时优化"原则，编制暴雨全程动态控制方案，在缓解内涝的基础上，明确不同阶段的重点目标，为减轻河湖污染、修复水体生态、保障污水收集系统正常运行等做出最大努力，从而将"多目标联控"的宏观目标落实到阶段性的功能性目标控制上。

降雨初期，重点关注截流系统的终端溢流排放，最大限度发挥截流系统的排水能力，减少其沿程溢流对河湖水质的影响。

降雨集中期，重点关注骨干水系对市政管网系统的影响，加强暴雨过程控制，将传统的"雨前控制"转为"峰前控制"；尽可能在集中强降雨期来临之前，最大限度地腾出调蓄库容，从而更好地削减雨洪峰值，避免或减轻骨干水系对市政排水系统的顶托。

降雨后期，关注截流系统对河湖水质的影响，调整"将调蓄区水位控制到位就停止泵站运行"的传统思维，将排涝设施的运行由"调蓄区水位单向控制"转为"调蓄水位与截流系统终端溢流水位双向控制"，尽快降低截流管网的水位，最大限度地减轻截流系统的负面影响。

2. 借助情景模拟，了解城市雨洪的影响机制，并制定相应的运行调度策略

我国几大流域水利机构对流域设计洪水的灾害影响都做过不同程度的情景模拟和分析[18]。借助 MIKE 等雨洪软件对城市雨洪进行多情景模拟，能够直观展现市政排水系统与城市排涝系统之间的影响，科学认识城市骨干水系在暴雨期间的水位波动过程，及其对城市水系的影响。作者亦曾通过城市雨洪数值模拟，设计不同重现期降雨、不同调蓄区控制水位等雨洪情境，分析不同情境下内涝防治系统的排水能力及其对其他城市水系造成的影响[19]，按照"分级优化"原则，根据雨量大小合理划定重点排涝设施的运行控制指标，如：

当预报的 24h 暴雨量不足 50mm 时，河湖水位变幅较小，青山湖最低水位按 16.63m 控制时，暴雨过程中不会发生"骨干水系通过截流系统沿线溢流口倒灌"现象；可重点关注截流系统的终端溢流排放，合理开启水泵机组，最大限度发挥截流系统的排水能力，减少其沿程溢流对河湖水质的影响。

当预报的 24h 暴雨量为 50～100mm 时，河湖水位涨幅增大；随着降雨量的增加，将青山湖最低控制水位的阈值逐步由 16.63m 减少到 16.43m，尽可能保证骨干水系水位低于截流系统的溢流水位，减轻河水倒灌对污水收集处理系统的影响。

当预报的 24h 暴雨量为 100～150mm 时，河湖水位涨幅进一步增大；按照 16.43～16.23m 控制集中降雨期之前的最低调蓄水位，除局部地段外，基本上能够控制骨干水系不对管网系统造成顶托；另外，可以根据雨势，加强"峰前水位"的应急调度，尽可能保障市政排水系统不受承泄水体的顶托。

当预报的 24h 暴雨量大于 150mm 时，河湖水位涨幅过大，现有的排涝工程体系已经无法保障市政排水系统完全不受骨干水系的顶托影响。即使通过应急调度手段增加泵站排涝流量，也只能尽量减轻顶托程度；还需要通过增设"源头减排设施"、扩大"排涝除险设施"行泄能力等工程措施进一步缓解区域受涝情况。

3. 践行"工匠精神"，提升应急意识，细化排涝设施运行规程

依据暴雨全程动态控制方案和重点排涝设施运行控制指标，建立健全不同预报雨量之下的水泵机组、水闸等排涝设备的运行规程，落实"分时分级"的优化原则。

首先，按照河湖水位全程动态控制原则，制定降雨过程中水泵机组启动、停机的常规运行规程，并据此编制泵闸联合调度运行规程；同时，还要按照"分时分级"的原则，结合已划定的阶段性控制目标，细化应急调度规则。比如，当前池水位较低时，根据常规，

机组并不需要全开;在涨水期,可以结合预报成果,根据实时雨势强度等指标,适当增加开机台数,尽可能将青山湖的低水位维持更长的时间。

其次,不能只按照24h的降雨预报编制相关设施的运行规则,还要考虑短历时强降雨的应对;比如,将"24h降雨200mm"细分为"6h""3h"等时长下的雨量控制指标,细化泵闸联合调度运行规程,启动相同的应急等级与相应的调度措施。通过订制专门的气象服务,密切跟踪滚动预报,掌握短历时预报成果,为排涝设施运行工况的调整提供更加灵活的基础信息。

8.4 小结

(1) 在近些年的内涝防治系统运行调度实践当中,没有完全确立"多目标联控"的思想,在应对暴雨的过程中,没有完全将排涝安全与水景观、水生态保障等因素统筹起来;对内涝防治系统与相关水问题之间的影响机制研究得还不够深入;相关城市内涝防治设施运行调度规程的针对性与操作性不强。

(2) 城市雨洪联合调度研究不足、工程体系运行管理薄弱,市政排水与城市排涝系统能力得不到充分发挥,是城市内涝防治中一个不容忽视的关键问题。借助 MIKE 等工具对城市雨洪进行多情景分析,既能够科学认识城市骨干水系在暴雨期间的水位波动过程,及其对市政排水系统的顶托影响;也可以了解泵站机组在排涝进程中的负荷变化,及其运行潜力所在;更加科学地预判不同雨洪情景对城市水系的影响,从而划定阶段性的重点目标,合理确定关键水位的控制时机与阈值。

(3)"幸福河湖"建设,向城市内涝防治体系的运行调度提出新要求;只有在城市治水实践中不断发现问题、认识规律,才可能将排涝设施的运行调度融合到"水安全、水景观、水生态"多目标联控当中。由"雨前控制"转变为"峰前控制"、由"调蓄区水位单向控制"转变为"调蓄区水位与截流系统终端溢流水位双向控制"等"全程动态控制"原则,有利于实现"水安全、水景观、水生态"的全局最优化。

(4) 基于天气滚动预报和"分时分级"原则的泵闸联合调度运行规程与应急调度规则,是泵站、水闸等排涝设施精细化运作与应急处置的基本条件,更加有利于城市蓄涝体系"韧性"的发挥,也是城市"幸福河湖"治理与保护的重要基础工作之一。

参 考 文 献

[1] 胡洪营,孙迎雪,陈卓,等. 城市水环境治理面临的课题与长效治理模式 [J]. 环境工程,2019,37 (10):6-15.
[2] 唐明. "城市双修"背景下的城市河湖综合整治探讨 [J]. 中国防汛抗旱,2018,28 (12):16-20.
[3] 左其亭,郝明辉,马军霞,等. 幸福河的概念、内涵及判断准则 [J]. 人民黄河,2020,42 (1):1-5.
[4] 谷树忠. 关于建设幸福河湖的若干思考 [J]. 中国水利,2020 (6):13-14,16.
[5] 王平,郦建强. "幸福河"内涵与实践路径思考 [J]. 水利规划与设计,2020 (4):4-7,115.

［6］　刘智晓，刘龙志，王浩正，等. 流域治理视角下合流制雨季超量混合污水治理策略考 ［J］. 中国给水与排水，2020，36（8）：20-29.

［7］　鄂竟平. 坚持节水优先建设幸福河湖 ［J］. 中国水利，2020（6）：1-2.

［8］　AO D，CHEN R，WANG X C，et al. On the risks from sediment and overlying water by replenishing urban landscape ponds with reclaimed wastewater ［J］. Environmental Pollution，2018，236：488-497.

［9］　谢映霞. 从城市内涝灾害频发看排水规划的发展趋势 ［J］. 城市规划，2013，37（2）：45-50.

［10］　谢华，黄介生. 城市化地区市政排水与区域排涝关系研究 ［J］. 灌溉排水学报，2007，26（5）：10-13.

［11］　AO D，LUO L，DZAKPASU M，et al. Replenishment of landscape water with reclaimed water：optimization of supply scheme using transparency as an indicator ［J］. Ecological Indicators，2018，88：503-511.

［12］　ZAIBEL I，ZILBERG D，GROISMAN L，et al. Impact of treated wastewater reuse and floods on water quality and fish health within a water reservoir in an arid climate ［J］. Science of the Total Environment，2016，559：268-281.

［13］　中华人民共和国水利部. GB/T 30948—2021 泵站技术管理规程 ［S］. 北京：中国标准出版社，2014.

［14］　中华人民共和国住房和城乡建设部. CJJ 68—2016 城镇排水管渠与泵站运行、维护及安全技术规程 ［S］. 北京：中国建筑工业出版社，2016.

［15］　XIA JUN，ZHANG Y Y，XIONG L H，et al. Opportunities and challenges of the Sponge City construction related to urban water issues in China. Science China Earth Sciences ［J］. 2017，60（4）：652-658.

［16］　刘静森. 平原圩区排涝泵站群常规调度优化方法研究 ［D］. 扬州：扬州大学，2015.

［17］　梁益闻. 城市河湖闸泵群防洪排涝优化调度模型研究 ［D］. 武汉：华中科技大学，2018.

［18］　夏高原，葛军，柯正辰，等. 城市内河综合水质对再生水补水的响应 ［［J］. 环境工程学报，2018，11（1）：136-142.

［19］　李娜. 基于 SOBEK 的河网结构—调蓄能力—洪涝灾害情景分析 ［D］. 上海：华东师范大学，2011.

［20］　王艳艳，梅青，程晓陶，等. 流域洪水风险情景分析技术简介及其应用 ［J］. 水利水电科技进展，2009，29（2）：56-65.

9 城市内涝应急系统建设的思考

9.1 城市内涝应急系统建设的内涵

城市内涝与应急系统都不是新名词；21世纪以来，随着城市内涝愈演愈烈，建立健全城市内涝应急管理体系的呼声日渐高涨。但是，暂时还没一个统一、明确的城市内涝应急系统的定义。

作者认为，城市内涝应急系统是指为减轻城市遭受突发严重内涝危害而特别设置的一项系统。它既包括在发生超过城市内涝防治设计重现期的短时强降水或连续性降水时，能够立即采取某些非常行动的城市内涝应急管理系统；也包括事先构建的城市内涝应急工程体系（图9.1）。

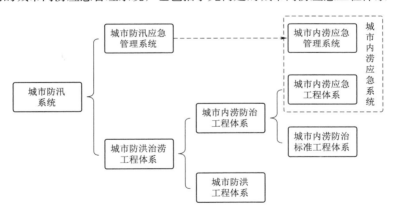

图 9.1　城市内涝应急系统构成示意

城市内涝应急工程体系，是指为了应对"超标准暴雨"而规划的城市常规内涝防治系统之外的应急工程；包括非常规调蓄空间、应急行洪通道、移动排涝设施、应急监测与预警网络设施等。非常规调蓄空间与应急行洪通道组成的非常规蓄涝工程体系。

9.1.1 城市内涝应急工程体系

1. 非常规调蓄空间

分别在源头与末端规划非常规调蓄空间。即通过城市河湖水系和生态空间治理与修复，在历史坑塘沟渠等小微水体恢复的基础上，调查并规划出可以临时调蓄雨洪的园林绿地、广场、城市地下空间等，实施相应的源头应急调蓄工程保护措施；扩展末端排涝泵站周边的自然调蓄空间，按照有关标准和规划开展末端非常规蓄涝区和安全工程建设。遇到极端暴雨时，可以发挥削峰错峰作用。

2. 中途应急行洪通道

因地制宜地利用次要道路、绿地、植草沟等构建连续、流畅的应急行洪通道；配合城市内涝防治系统的中途雨洪排泄设施，将"超标准暴雨"形成的超过源头调蓄能力雨洪送至排涝系统末端。对于有客水汇入的城区，需要合理规划建设截洪沟等设施，最大限度降低山洪等客水入城的风险，减轻城区排涝系统的压力。

3. 移动排涝设施

储备适当的移动排涝设施，增加区域应急外排能力。同时，梳理受到城区骨干排水通道顶托导致自排不畅或抽排能力达不到标准的城市重要生命线所在的局部洼地，规划移动排涝设施的应急抽排方案。

4. 应急监测与预警网络设施

基于现有的条块结合、分级负责、属地为主的应急管理体制，以及网格化的预警与响应的应急策略，非常规调蓄空间、中途应急行洪通道均需要配套相应的城市内涝监测与预警网络设施，从而能够借助城市内涝应急管理平台，适时开展应急工作。

9.1.2　城市内涝应急管理系统

城市内涝应急管理系统包括法律法规、管理体制、运行机制与应急预案共 4 个部分，实现两大功能。一是保障工程体系的正常运行、既有功能得到充分发挥；二是通过实施治涝工程以外的各种举措，提升社会对灾害的承受力，减少涝灾带来的各类损失。

1. 法律法规

结合城市内涝特点，加强城市内涝应急管理的法制化建设，建立健全城市内涝应急法制体系，通过出台相关法律的实施细则、地方性法规、规范性文件等形式，把整个内涝应急管理工作建设纳入法制化轨道，为依法开展城市内涝的应急处置提供法律支撑。

2. 管理体制

依托现有防汛指挥系统，融合城市管理、应急、水利（水务）、国土、交通、民政、公安等部门的力量，建立集中统一、坚强有力的组织指挥机构；健全属地党委、政府为主的领导责任制与应急物资储备制度；落实应急处置的专业抢险与技术咨询队伍，完善人民解放军、武警和预备役民兵的申请调动制度等。

3. 运行机制

借助城市内涝应急管理平台的信息化建设，建立健全监测预警机制、信息报告机制、应急决策和协调机制、分级负责和响应机制、资源的配置与征用机制、奖惩机制等等。另外，还要完善公众参与机制，提升市民防灾避险意识、提高市民自救互救能力等。

4. 应急预案

按垂直管理的要求，各级政府和基层单位，都要结合自身的职责范围制订应急预案，包括工程应急调度方案，以及预报、警戒、疏散等具体的非工程措施；相关预案之间要做到互相衔接，逐级细化。在应对内容方面，既要防止超过城市内涝防治设计标准的暴雨袭击，又要防止超过城市内涝防治实际标准的暴雨袭击，包括未达标的工程体系，或是已经达标的关键工程失事等。

9.2 城市内涝应急系统建设与运行的原则

9.2.1 城市内涝应急工程体系建设与运行的原则

1. 统一规划，损益合理

依托城市规划综合管理信息平台，健全规划衔接协调机制；在城市空间规划的基础上，尊重城市产汇流规律，科学规划源头非常规调蓄空间、末端非常规蓄涝区，以及中途应急行洪通道，确保所采取的措施与突发的"暴雨"量级、内涝范围与程度相适应；在多种可能措施中选择对公众利益损害较小的，并且不应超出控制和消除突发内涝造成的危害所必要的限度。

2. 规模适度，加强管理

结合不同"超标准暴雨"条件下外排能力缺口的测算与地方财力，核定移动排涝设施的储备规模，探索社会化储备和专业化储备的有机结合形式；非常规调蓄空间的应急监测与预警网络设施建设与管理，要做到分工明确、责任落实、常备不懈。

3. 依法征用，适当补偿

根据突发内涝的严重性与可控性，科学分析所需动用的非常规调蓄空间、移动排涝设施的数量、结构、时效等要求；坚持依法行政，妥善处理非常措施的运用范围和实施力度，启动相应的预案，依法依规征用相应空间与物资，并对被征用人的损失给予适当的补偿。

9.2.2 城市内涝应急管理系统建设与运行的原则

1. 统一领导，分级负责

在城市范围内，实行各级党委领导下的行政领导责任制。在市委市政府统一领导下，落实条块结合、分级负责、属地管理为主的应急管理体制，依法保障责任单位、责任人员按照法律法规和应急预案及时采取应急处置措施。

2. 以人为本，快速协同

以保障公众健康和生命安全为首要目标，最大限度地避免和减少突发内涝事件造成的人员伤亡和危害；整合现有监测、预报、预警等信息系统，建立统一、科学、高效的指挥体系；依靠当地应急处置队伍与群众力量，建立健全快速反应机制。

3. 群专结合，科学有序

充分发挥专家在突发公共事件的信息研判、决策咨询、专业救援、应急抢险、事件评估等方面的作用；加强宣传和培训教育工作，提高公众自我防范、自救互救等能力。加强城市内涝防治的科学研究和技术开发，提高应对突发内涝的科技水平和指挥能力，有序组织社会力量参与突发内涝应急处置工作。

9.3 城市内涝应急系统建设现状与问题

9.3.1 城市内涝应急工程体系建设现状与问题

1. 非常规调蓄空间

在很多城市的快速城镇化过程中，为拓展城市空间，大量河道、湖泊、洼地和沟塘被侵占，城市水面的快速萎缩，加剧了城市暴雨洪涝灾害；近些年来，大多城市结合已有的湖泊、湿地设置了城市蓄涝区；结合海绵城市建设，建设了一批雨水花园、下沉绿地、广场、小微水体等部分源头调蓄空间。

但是，推进"海绵城市建设"，落实"源头控制"等低影响开发措施，主要还是针对我国城市普遍存在的市政排水标准较低导致的"逢雨必涝"问题；力图通过"源头减排"，缓解市政排水系统的压力，为难以一蹴而就的市政排水系统整体改造赢取时间。

虽然，可以通过这些绿色基础设施的改造，提升城市内涝防治能力，降低城市内涝的频次；但是，现在所做的工作基本上都是围绕"城市内涝防治"的达标建设，尽最大可能地利用本已捉襟见肘的洼地资源，无暇顾及超标准暴雨条件下非常规调蓄空间的规划，源头"非常规调蓄空间"、末端"非常规调蓄区"的规划基本没有开展。

2. 中途应急行洪通道

市政排水系统的设计范围、理念、标准与水利排涝系统均不一样，其转输雨洪的能力不能满足城市治涝标准的要求；而且，在城市化进程中，一些天然排水沟、小河道往往被封盖、填埋，取而代之的是按照标准建设的地下管网，在雨洪输送方面的弹性较天然河道小很多。因此，在输送"源头调蓄"之外的净雨至城市水利排涝系统的过程中，往往存在"中途卡脖子"现象。

加大市政排水管网口径，补齐中途转输能力不足的短板，也是各地在落实《国务院办公厅关于加强城市内涝防治的实施意见》中重点考虑的内容；部分发达城市考虑兴建深隧，拓宽"行洪通道"。

但是，目前的雨洪"中途输送"或"沿程调蓄"工程还是基于城市内涝设计标准来展开的，对于超标准暴雨条件下的"临时行洪通道"考虑不足，相应的规划与建设尚未开展。

3. 移动排涝设施

为保障抗洪抢险减灾的需要，各级水利部门依据《中央防汛抗旱物资储备管理办法》购置、储备和管理包括移动排水设施在内的各类应急需要的各类物资；同样，城市排水设施运维部门一般也会购置部分移动排涝设施，用于局部洼地积水的应急作业。2018年"大部制"改革中，国务院在组建应急管理部同时，也组建了物资储备局，旨在通过对应急资源和国家储备进行整合和优化配置，把机构和物资整合在一起，实行统一管理，统一调度。

实践当中，行业部门的专门储备数量不多，基于物资供应链管理模式的社会化运作、相关企事业单位代储与征用等物资储备模式未能铺开，移动排涝设施的储备总量不足，应急外排能力不强；同时，由于缺少应急排涝点位的事先查勘与规划，应急排水往往演变成内水循环，外排效果不佳，应急效果难以显现。

4. 应急监测与预警网络设施

"大部制"改革之后，各地对应急管理信息化建设思想更加重视，伴随着监测技术、通信和计算机网络的快速发展，国内多数城市都在根据国家规划要求开展应急平台建设，应急管理信息化建设取得的初步成效。但总体而言，监测预警平台和信息共享平台建设多处于起步状态，各类灾害与突发事件监测系统仍然属于单个部门管理，资源未能充分整合，应急监控信息不能实现充分及时的共享交换；预警沟通与联动不够、预警发布不规范等问题较为突出[1]。

城市内涝灾害应急管理是一个典型的多学科交叉和大数据问题，相关数据包括气象数据、城市内涝数据、社会经济数据等，来源丰富且数据量庞大[2]；多源异构数据融合困难。现有城市内涝监测设施严重不足，系统开展监测的时间也较晚，现有监测数据难以支撑城市雨洪大范围精细化模拟；天气预报时空尺度与城市水文模型需求存在差异，预报结果与实际情况出入较大；城市突发暴雨的预见期往往较短，预警响应困难，实践效果不佳。

9.3.2 城市内涝应急管理系统建设现状与问题

1. 法律法规

2012 年以来，我国已经建立起以总体国家安全观为统领的应急管理体系；《中华人民共和国国家安全法》《中华人民共和国突发事件应对法》《中华人民共和国防洪法》等基本法律与配套的专项法律法规 60 多部，应急管理法律体系基本形成，明确了应急管理工作主体，规范了工作内容，理顺工作机制，为应急事件的处置提供了宏观层面的法律依据。

但是，现行的应急法制体系当中，不少法律法规的内容较为原则、抽象，缺乏具体的实施细则和配套制度。

在城市雨洪应急处置层面，依然存在操作性不强的问题，尚不能根据城市特定条件与内涝影响特点，形成涵盖整个应急管理全过程的比较完备的法制支撑；与城市内涝诱发的次生灾害的相关法律法规整合不够，不同法规之间的协调、衔接存在问题，在执行过程中缺少明确的标准或规范，容易引发能源、水源、交通等城市生命线系统保障之间的矛盾。

2. 管理体制

2018 年国务院机构改革方案主要是转变职能，探索实行职能有机统一的"大部门"体制。国家组建了应急管理部，整合了原来分散在 11 个部门的 13 项应急救援职责；省、市、县三级按照上下基本对应的原则相继设置应急管理部门。"大部制"改革的最大亮点在于初步构建起统一指挥、专常兼备、反应灵敏、上下联动、平战结合的应急管理体制；有利于重组应急机构和整合应急资源，从体制上解决长期以来重救轻防、重短轻长、各管一段、资源分散等突出问题[3]；特别是在应急抢险中坚持党的全面领导，呈现出鲜明的政治优势与组织动员能力。

但是，由于此次改革还处在磨合期，党委与政府的日常应急管理协作体制有待进一步完善，传统行政体制中的条块矛盾的屏障尚未完全清除，"属地管理为主"的原则在实践中贯彻不够，上级部门的过度反应、地方的依赖思想导致最佳行动时机错失等状况时有发生。[3]

　　城市内涝应急工作规范化、程序化和制度化明显欠缺，作为牵头单位的应急管理部门还没有全面承担起综合协调的作用，常态化应急管理工作缺失。很多部门不能把日常防灾工作与其履行正常职能紧密结合；非应急的常态化管理和防灾应急工作、突发式应急管理与常态化应急管理等的有效结合重视不够，管理模式、工作方式都存在较大隐患[4]。目前，缺乏权威性的执法主体，多部门协作共建内容不足，各种内涝预防措施难以落实，存在"临时应对"替代应急的现象。

　　3. 运行机制

　　"大部制"改革之后，应急管理部门建立起扁平化救援指挥体制和预防抢险救援相衔接的运行机制。平时，应急管理部门指导协调相关部门开展相关灾害防治工作；战时，在指挥部的统一指挥调度下，应急管理部门负责应对重大险情灾害的救援救灾工作，行业主管部门在各自领域负责较小险情的处置，并为救援救灾工作提供技术等方面的支持[5]。应急部门亦与公安、交警、气象、水利等部门建立了自然灾害、事故灾难、预警信息共享机制，各地各部门的协作机制取得一定突破；重视并创新了公众宣传教育的观念和方法，安全文化建设正朝着广泛而深入的方向发展，应急机制总体架构基本形成。

　　但是，应急机制的科学化、标准化、制度化还有待完善，需要国家出台宏观指导意见的协调联动、决策指挥、巨灾保险、激励与问责等工作机制还比较薄弱，标准不统一、内容不完善，关键环节的操作性不强；在部门配合、区域联合、军地融合、资源整合等机制的联动与衔接方面，还存在一些问题，灵活性不够；防灾减灾宣传与自救互救能力培训还不够，社会的风险意识与危机意识还不强。

　　城市排涝应急管理涉及多个部门的协调与合作；相关部门分属于不同的系统，平时，内涝防治工作沟通协调深度不足，跨部门的专业规划协作不够；战时，针对性的城市内涝应急联动机制有待完善，部门之间沟通效率不高，不利于形成整体合力，甚至可能错过抢险救灾的最佳时机，造成难以估量的损失[6]。城市内涝应急管理平台的信息化建设滞后，多源异构的大数据融合困难，信息传递时效性有待提高。

　　4. 应急预案

　　2006 年 1 月，国务院发布并实施《国家突发公共事件总体应急预案》，明确了各类突发公共事件分级分类和预案框架体系，规定了国务院应对特别重大突发公共事件的组织体系、工作机制等内容，是指导预防和处置各类突发公共事件的规范性文件，并随之出台了21 部国家专项应急预案。随即，国务院有关部门根据总体应急预案、专项应急预案和部门职责编制各部门的应急预案；地方各级人民政府及其基层政权组织，在省级人民政府的领导下，按照分类管理、分级负责的原则，分别制定地方应急预案；企事业单位、大型文化体育活动主办单位也根据有关法律法规制定专项应急预案。各类预案不断结合实践需求得到补充，应急预案体系逐步完善；到目前为止，已基本涵盖了各类常见突发事件，为应急体制、机制、法制的发展和完善，发挥了基础性支撑作用。

　　但是，在应急预案的内容与实效方面，缺乏系统科学的风险评估和应急资源调查，导致预案针对性不高、操作性不强；不同层级政府、部门的预案之间"防与抢"关系不明晰、任务不明确，影响条块之间的高效沟通。

城市内涝具有高度复杂性和破坏性，应对策略与应急准备非常重要，但是在实践当中，"重处置、轻准备"的思想较为明显，易涝区的城市规划、土地利用、治涝体系建设等工作的协调合作没有被足够重视。内涝发生之后的应急预案，对能源、交通、生产安全等城市生命线系统可能遭受的次生影响考虑不够，与这些城市生命线系统应急预案的衔接不够，缺乏具体和切实可行的实施细则。

9.4 完善城市内涝应急系统建设的建议

9.4.1 加强城市内涝应急工程体系的建设与运行保障

1. 非常规蓄涝工程体系的规划与建设

如前所述，随着全球气候以及城市下垫面的变化，突发性、局地性、极端性天气明显增多；不同历时的极端暴雨侵袭，对城市防涝韧性提出更高的要求，作为韧性主要来源的蓄涝系统，必须承担更多的责任。然而，在城市建成区，可以挖掘的城市蓄涝空间极其有限；河湖、湿地、绿地、下沉广场等常规蓄涝空间，在城市内涝防治系统达标建设过程中大多已经被充分利用。

因此，在制定超标准暴雨应对方案时，第一，要依据城市径流形成与输送规律，规划出可以用于应急行洪的次要道路、绿地、植草沟等，利用这些影响较低的设施构建连续、流畅的排洪通道；从而核定排水系统的中途最大输送能力（标准内输送能力与应急行洪通道）。第二，计算不同历时极端暴雨的净雨量，根据中途输送能力，将其划分成源头调蓄、末端调蓄、末端排除 3 部分；并根据标准内的源头调蓄量、骨干河湖调蓄量，以及最大外排能力（标准内外排能力与应急排涝能力），计算出源头超标调蓄量与末端超标蓄涝量。第三，结合城市雨洪模拟的淹没范围、土地利用规划、地下空间规划等成果，规划出源头非常规调蓄空间与末端非常规蓄涝区；分别估算出调蓄空间规模与最大淹没时间，并提出相应的适应性改造方案，以满足极端暴雨条件下的蓄涝要求。从而借助标准内雨洪输送工程或应急行洪通道构建连续完整的、集散结合的非常规调蓄空间。

2. 非常规蓄涝工程体系的运行管理保障

非常规蓄涝工程体系按照城市内涝应急调度规定主动进洪，是防洪调度中的"风险转移"举措，具有显著的防洪减灾作用；承担着与常蓄滞洪区相同的防洪减灾任务，发挥着同样的防洪减灾作用。因此，在其按照调度办法的规定主动进洪后，亦应参照蓄滞洪区对其蓄（行）洪进行适当的补偿，依法保护公民的私有财产权，切实履行好国家对"造成损坏的防洪紧急征用物资"的"适当补偿"责任。

因此，需要根据城市内涝特点，建立与公共财政承受能力相适应的"非常规蓄涝工程体系运用补偿制度"，确立工程运用后的补偿原则、基本目标、补偿对象与补偿标准等，研究非常规蓄涝工程体系的财产登记、损失申报、标准核查等蓄涝补偿工作程序，以及相应的配套政策保障等内容，制定《非常规蓄涝工程财产登记、损失补偿工作标准》。

3. 移动排涝设施的储备与投运

移动排涝设施单价较高、更新年限不长，而且使用率偏低；依靠各级政府大规模的专业储备并不现实。需要拓展移动排涝设施的储备形式，增加社会储备总量，提升区域应急外排能力。一是对区域内机关、企事业单位现有较大功率的移动排涝设施登记造册，建立移动排涝设施征用与补偿制度，保障汛期对闲置设施的征集；二是利用防汛物资储备部门的物资管理与仓储优势，与相关设施的生产商、供应商建立长期合作机制[7]，将防汛设备的社会化储备与生产经营单位的设施库存周转结合起来，实现优势资源互补。

结合历史易涝点排查与城市雨洪模拟成果，科学规划移动排涝设施的应急排涝点位，事先安排好移动排涝设备的机位、进出水路径、动力线路等事宜，便于紧急情况下的快速投运，从而提升应急排水效果。同时，在编制超标准暴雨应对预案时，要妥善安排装卸、运输、安装事宜，争取实现相关资源的"有效集成、同步运作"，能够快速响应移动排涝设施的投运需求。

4. 应急监测与预警网络设施的建设

受淹情景下，应急监测与预警网络设施就是城市内涝应急管理系统的"耳目"与"号角"。强化规划引领和需求导向，坚持"实用、管用、好用"原则，大力推进信息化、智能化建设；充分利用物联网、工业互联网、遥感、视频识别、5G 通信等技术提高城市内涝监测感知能力，实现易涝地区的网格化监测[8]。

完善内涝风险预警制度，借助精细化气象灾害预警预报体系，增强风险早期识别能力；健全突发内涝事件预警信息发布体系，拓展发布渠道，提升发布覆盖率、精准度和时效性，提高预警服务水平。

针对非常规蓄涝工程体系使用频率低的特点，探索高度集成、自动化综合监测与预警设备及其快速安装技术，解决长期不用的固定设施维护成本高的难题。

9.4.2　加强城市内涝应急管理系统建设

1. 法律法规

在细化《中华人民共和国突发事件应对法》实施办法的同时，鼓励各省市启动地方性应急管理法规、规章、制度的研究和修订完善工作，通过出台相关法律的实施细则、地方性法规、规范性文件等形式，提升现行法律法规的可操作性。

结合城市内涝特点，加强城市内涝应急管理的法制化建设，形成涵盖整个内涝应急管理全过程的应急主体、响应程序、工作规则等制度规定，为依法开展城市内涝的应急处置提供法律支撑。根据工作实际，对职责不清晰，工作机制不顺畅，权责不一致的条款进行调整修订；特别是要加强与能源、水源、交通等城市生命线系统应急管理的协调与衔接。

2. 管理体制

在"党委领导，政府负责"的城市应急管理框架之下，尽快明确分级负责、属地管理为主的具体政策和行动指南。着重加强平时常态化应急管理体制的研究与落实，将体系建设、规划制订、部门配合、区域联合、应急准备等工作切实有效地抓起来，从而增强城市应急管理的前瞻性、科学性和协同性；衔接好"防"和"救"的责任链条，形成"防"与"救"的合力，为灾害发生后的有序科学应对打下坚实基础。

从城市内涝应对的角度，更要处理好综合与专业的关系。既要充分发挥应急管理部门的综合优势和各相关部门的专业优势，使其根据职责分工承担各自责任。进一步厘清应急管理、水利（水务）、城市管理等部门的职责分工，处理好"统"与"分"的关系：应急管理部门要充分发挥牵头部门的优势，加强指导、动员群众，充分发挥基层组织和单位的作用；行业主管部门负责各自管理的工程体系正常运行，又要按照应急管理部门的统一部署，开辟非常规蓄涝空间，打通应急行洪通道，并保障应急工程体系的运转，确保"防抢救"无缝衔接。

3. 运行机制

按照职责分工，建立健全源头治理、动态监管，应急处置相结合的长效机制。以能力建设为导向，着力完善平时综合保障机制，细化监测预警、信息管理、应急值守、应急队伍、抢险物资、避难场所等保障内容，提升城市应急准备与综合防范的能力。

进一步完善汛期工作机制，实现应急指挥上下畅通、信息分享灵活高效、组织动员迅速有序，真正做到条块配合、军民融合、资源整合。健全指挥机制强化牵头部门的组织、协调、指导、督促职能；建立部门会商和信息共享机制，完善应急管理信息平台和监测预警网络建设，保障相关部门能够适时会商、联合研判并及时落实应对措施；完善组织动员机制，增强社会公众参与意识，为机关、企事业单位及个人的应急资源征集、紧急调用及灾后补偿等工作提供保障；建立城市生命线内涝应急协作机制，明确重要基础设施的保护名录、责任主体、联保措施与协作要点等，提升城市安全运行能力。

4. 应急预案

在城市突发事件总体应急预案的框架下，科学评估内涝应急能力，编制城市内涝专项应急预案，细化实化责任和任务，明确响应条件和具体行动，落实保障措施。并且，针对内涝期间城市生命线系统的安全保障，编制专门的应急预案，明确重点保护目标、重大基础设施，根据暴雨等级规范预警等级和应急响应分级；并加强专门预案与其他预案的衔接与协调。

加强应急预案宣传培训，制定落实应急演练计划，组织开展实战化的应急演练，重点加强情景构建和应急资源调查，针对极端暴雨开展相应的应急演练；根据演练情况及时修订完善应急预案，强化上级与下级、军队与地方、政府与企业、综合部门与行业部门等相关预案的有效衔接，全面提升预案的可操作性。同时，在演练中磨炼队伍，磨合机制，切实提高应急抢险实战能力。

9.5　小结

（1）由非常规调蓄空间、应急行洪通道组成的非常规蓄涝工程体系，是城市内涝应急工程体系的重要组成部分，亦是城市常规蓄涝系统的重要补充，是城市防涝韧性的主要来源。在城市内涝应急管理系统建设与其他配套工程建设当中，也要密切关注城市非常规蓄涝体系的规划、建设、监测与运行调度。

（2）城市内涝应急管理系统包括法律法规、管理体制、运行机制与应急预案等4个部分。既要保障城市内涝防治工程体系的正常运行、既有功能得到充分发挥；又要通过实施治涝工程以外的各种举措，增强城市对于极端暴雨的应对能力，提升社会对灾害的承受力，减少内涝带来的各类损失。

（3）我国城市建设中的历史欠账较多，在推进"海绵城市建设"，落实"源头控制"等低影响开发措施，以及开展"城市内涝防治"达标建设的过程中，基本上将捉襟见肘的洼地资源利用到极限，无暇顾及超标准暴雨条件下有序调蓄与行洪问题。应对超标准暴雨，必须构建非常规蓄涝体系，提升城市蓄涝体系的"韧性"；并建立与公共财政承受能力相适应的"运用补偿制度"，降低非常规蓄涝工程运用时的难度，也切实履行好国家对"造成损坏的防洪紧急征用物资"的"适当补偿"责任。

（4）城市内涝应急管理系统建设刚刚起步，亟须加强相关法律法规的实施细则和配套制度建设，提升它们与可能诱发的次生灾害相关法律法规的衔接水平；规范应急工作程序，加强常态化应急管理工作，提高平时内涝防治工作沟通协调深度与战时部门沟通效率；切实提高应急预案的针对性与操作性，加强内涝期间城市生命线系统的安全保障。

参 考 文 献

[1]　梁骥超，解建仓，姜仁贵，等. 面向城市内涝的应急管理流程及快速应对方案研究［J］. 中国防汛抗旱，2019，29（2）：10-15.

[2]　吴先华，肖杨，李廉水，等. 大数据融合的城市暴雨内涝灾害应急管理述评［J］. 科学通报，2017，62：920-927.

[3]　闪淳昌，周玲，秦绪坤，等. 我国应急管理体系的现状、问题及解决路径［J］. 公共管理评论，2020，2（2）：5-20.

[4]　李健. 我国当下城市防灾应急管理体系的突出问题与完善提升——兼论国际城市的高品质治理经验［J］. 上海城市管理，2016，25（3）：25-30.

[5]　韩昌宪. 新应急管理体制下优化防汛抗旱指挥体系和工作运行机制的思考［J］. 中国机构改革与管理，2020（3）：9-11.

[6]　周嘉忧. 从城市内涝看政府应急管理体系［J］. 人力资源，2018（8）：93-94.

[7]　张恩国. 防汛物资供应链管理探讨［J］. 江苏水利，2021（7）：55-59.

[8]　邸苏闯，刘洪伟，苏泓菲，等. 北京城市暴雨预警及应急管理现状与挑战［J］. 中国防汛抗旱，2016，26（3）：49-53，59.